彩图 10　辣椒立枯病症状

彩图 11　辣椒疫病根部症状

彩图 12　辣椒疫病整株枯死

彩图 13　辣椒灰霉病茎部症状

彩图 14　辣椒灰霉病病果

彩图 15　辣椒炭疽病病果

彩图 16　辣椒炭疽病整株症状

彩图 17　辣椒根腐病茎基部症状

彩图 18　辣椒根腐病根系症状

彩图 19　辣椒褐斑病病叶

彩图 20　辣椒黑霉病病果

彩图 21　辣椒白星病病叶

彩图 22　辣椒枯萎病植株发病症状

彩图 23　辣椒疮痂病病叶

彩图 24　辣椒疮痂病病果

彩图 25　辣椒细菌性叶斑病病叶

彩图 26　辣椒细菌性叶斑病整株症状

彩图 27　辣椒花叶病毒病症状

彩图 28　辣椒病毒病病叶黄化

彩图 29　辣椒病毒病病叶坏死

彩图 30　辣椒病毒病病叶畸形

彩图 31　辣椒脐腐病病果

彩图 32　辣椒日灼病

彩图 33　辣椒畸形果

彩图 34　辣椒沤根

彩图 35　烟青虫幼虫

彩图 36　蚜虫

彩图 37　蓟马为害辣椒症状

彩图 38　白粉虱

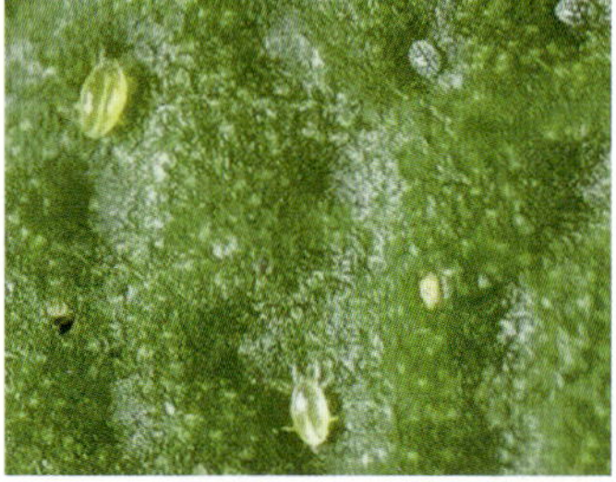

彩图 39　茶黄螨

高效种植致富直通车

辣椒高效栽培

主　编　苗锦山　沈火林

副主编　祝海燕　王爱丽

参　编　张庆春　贾令鹏　张　菲

机械工业出版社

本书总结归纳了在我国不同地区露地、棚室和特殊环境下辣椒生产的主要经验，并结合辣椒的标准化和规范化栽培，较为全面地阐述了辣椒的基本生育特性、优良品种、棚室栽培设施的设计与建造技术、育苗技术、露地高效栽培技术，还有辣椒小拱棚、塑料拱棚和日光温室等保护地栽培技术，有机辣椒栽培技术，辣椒特种栽培技术及其病虫害诊断与防治等。另外，本书中还设有“提示”“注意”等小栏目，并辅以辣椒高效栽培实例，以供读者分享交流。本书内容翔实、图文并茂、通俗易懂、实用性强，以期能以最少的投入，达到辣椒优质、高效的生产目的。

本书适合不同地区的辣椒种植者、农技推广人员使用，也可供农业院校相关专业师生学习参考。

图书在版编目（CIP）数据

辣椒高效栽培/苗锦山，沈火林主编. —北京：机械工业出版社，2015.4（2023.4重印）

（高效种植致富直通车）

ISBN 978-7-111-49513-0

Ⅰ.①辣… Ⅱ.①苗…②沈… Ⅲ.①辣椒－蔬菜园艺 Ⅳ.①S641.3

中国版本图书馆CIP数据核字（2015）第043020号

机械工业出版社（北京市百万庄大街22号 邮政编码100037）

总 策 划：李俊玲 张敬柱 策划编辑：高 伟 郎 峰

责任编辑：高 伟 郎 峰 李俊慧 责任校对：聂美琴

责任印制：任维东

北京中兴印刷有限公司印刷

2023年4月第1版第10次印刷

140mm×203mm · 6.625印张 · 2插页 · 169千字

标准书号：ISBN 978-7-111-49513-0

定价：35.00元

电话服务

客服电话：010-88361066

010-88379833

010-68326294

网络服务

机 工 官 网：www.cmpbook.com

机 工 官 博：weibo.com/cmp1952

金 书 网：www.golden-book.com

机工教育服务网：www.cmpedu.com

高效种植致富直通车

编审委员会

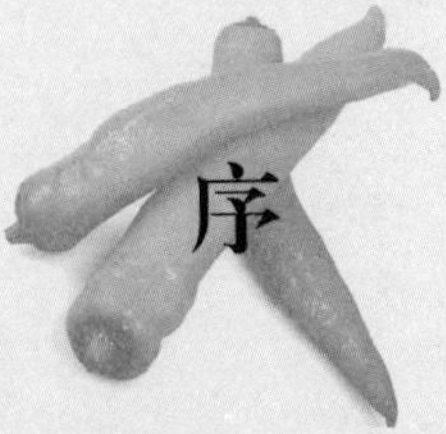

序

园艺产业包括蔬菜、果树、花卉和茶等，经多年发展，园艺产业已经成为我国很多地区的农业支柱产业，形成了具有地方特色的果蔬优势产区，园艺种植的发展为农民增收致富和“三农”问题的解决做出了重要贡献。园艺产业基本属于高投入、高产出、技术含量相对较高的产业，农民在实际生产中经常在新品种引进和选择、设施建设、栽培和管理、病虫害防治及产品市场发展趋势预测等诸多方面存在困惑。要实现园艺生产的高产高效，并尽可能地减少农药、化肥施用量以保障产品食用安全和生产环境的健康离不开科技的支撑。

根据目前农村果蔬产业的生产现状和实际需求，机械工业出版社坚持高起点、高质量、高标准的原则，组织全国 20 多家农业科研院所中理论和实践经验丰富的教师、科研人员及一线技术人员编写了“高效种植致富直通车”丛书。该丛书以蔬菜、果树的高效种植为基本点，全面介绍了主要果蔬的高效栽培技术、棚室果蔬高效栽培技术和病虫害诊断与防治技术、果树整形修剪技术、农村经济作物栽培技术等，基本涵盖了主要的果蔬作物类型，内容全面，突出实用性，可操作性、指导性强。

整套图书力避大段晦涩文字的说教，编写形式新颖，采取图、表、文结合的方式，穿插重点、难点、窍门或提示等小栏目。此外，为提高技术的可借鉴性，书中配有果蔬优势产区种植能手的实例介绍，以便于种植者之间的交流和学习。

丛书针对性强，适合农村种植业者、农业技术人员和院校相关专业师生阅读参考。希望本套丛书能为农村果蔬产业科技进步和产业发展做出贡献，同时也恳请读者对书中的不当和错误之处提出宝贵意见，以便补正。

中国农业大学农学与生物技术学院

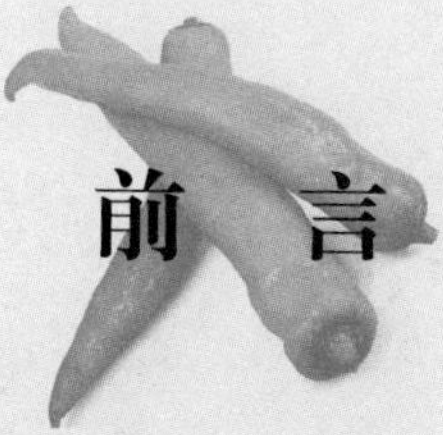

前言

辣椒的类型和品种较多、适应性广、营养丰富、产业链长，是世界各地广泛栽培的一种重要的茄果类蔬菜。辣椒是我国居民餐桌上的重要蔬菜之一，常年播种面积为130多万公顷，是仅次于大白菜的第二大蔬菜作物。辣椒的生产和加工为我国农民增收致富做出了重要贡献。

但目前各地的辣椒实际生产中种植者在良种选择、设施建造、栽培和病虫害防控及特种栽培等诸多方面存在不少误区和困惑，不利于辣椒规范高效生产。尤其近年来棚室栽培面积的扩大、有机辣椒的发展及出口量的增加，对辣椒生产标准和技术提出了更高的要求。因此，标准化、高效的栽培技术对指导我国辣椒产业的健康发展必不可少。

为了满足广大生产者的需求，潍坊科技学院相关科研人员深入生产一线，及时总结归纳优势产区农民的辣椒种植经验，在结合自身研究的基础上对其生产中存在的问题进行整理并提出了解决方案，从高产高效的角度，对辣椒种植的良种选择、茬口优化安排、棚室设计和建造、棚室高效栽培技术、特种栽培技术及病虫害诊断与防治等，结合图片、提示等进行了详细介绍。

需要特别说明的是，本书所用药物及其使用剂量仅供读者参考，不可完全照搬。在实际生产中，所用药物学名、通用名和实际商品名称存在差异，药物浓度也有所不同，建议读者在使用每一种药物之前，参阅厂家提供的产品说明以确认药物用量、用药方法、用药时间及禁忌等。

本书在写作工程中得到了国内相关专家的大力支持和帮助，并参引了许多专家、学者和同行们的成果和经验，在此一并谨致谢忱。由于编者水平有限，书中难免有错误和不当之处，恳请广大读者批评指正。

编　者

目　录

第五章　辣椒育苗技术

第六章　辣椒露地高效栽培技术

第七章　辣椒保护地高效栽培技术

第八章 有机辣椒栽培技术

第九章 辣椒特种栽培技术

第十章 辣椒病虫害诊断及防治技术

第十一章　辣椒储藏及加工技术

第十二章　辣椒高效栽培实例

附录

参考文献

第一章 概 述

第一节 辣椒的起源及其营养保健价值

辣椒，别名番椒、海椒、辣子、辣角、秦椒、辣茄等，是茄科辣椒属一年或多年生草本植物。辣椒原产于南美洲的玻利维亚、巴拉圭、墨西哥等地，15~16世纪开始向其他国家传播，现已成为世界上仅次于豆类、番茄的第三大蔬菜作物，在全球的温带、热带、亚热带地区均有种植。

明末清初辣椒经丝绸之路传入我国，最初在甘肃、陕西等地栽培，故有“秦椒”（图1-1）之称。辣椒在我国至今已有300多年的种植历史，全国各地普遍栽培，其类型和品种较多，通常为夏、秋季重要蔬菜之一。

图1-1 秦椒

辣椒果实通常呈圆锥形或长圆形，未成熟时为绿色，成熟后变成鲜红色、黄色、紫色或白色，以红色的最为常见。辣椒营养丰富，含有丰富的辣椒素、辣椒红素、胡萝卜素、碳水化合物、矿物质等，既可鲜食、调味，也可入药，具有重要的经济价值和食疗保健作用。据测定，辣椒的维生素 C 含量高居各类蔬菜之首，每 100g 青辣椒含维生素 C100mg 以上，每 100g 红熟辣椒所含的维生素 C 可高达 342mg，干辣椒则富含维生素 A。辣椒含有的大量辣椒素具有芬芳的辛辣味，有增进食欲之功效，长期食用辣椒不仅能促进消化、增强食欲，还可增强体力，防止便秘等。此外，辣椒对促进脂肪代谢、牙龈出血、贫血、血管脆弱等也有辅助治疗作用，甚至还能阻止癌细胞扩散，抑制癌细胞生长，具有一定的保健功能。辣椒中各营养物质和矿物质元素的含量见表 1-1、表 1-2。

表 1-1 每 100g 辣椒中营养物质的含量（红尖辣椒）

名称	蛋白质	脂肪	碳水化合物	核黄素	胡萝卜素	硫胺素	维生素 A	维生素 C	维生素 E
含量/mg	1300	400	5700	0.06	1.39	0.03	0.192	342	0.88

表 1-2 每 100g 辣椒中矿物质元素的含量（红尖辣椒）

名称	钾	钠	钙	镁	硒	铁	锌	锰	磷
含量/mg	222	2.6	37	16	0.002	0.4	0.24	0.06	22

辣椒不仅可以鲜食、加工成食品和调味品，还可以作为医药、化工、军工等方面的原料，其用途十分广泛，开发利用潜力巨大，是世界上具有良好发展前景的经济作物之一。

第二节 我国辣椒产业发展现状与策略

一 我国辣椒的生产现状

自 20 世纪 90 年代以来，在辣椒及其加工制品市场需求不断增长的推动下，我国辣椒产业发展迅速，并呈现出基地化、规模化和区域化等特点，发展速度大大高于全球平均水平。据资料显示，20

世纪 90 年代世界辣椒种植面积和总产量分别以每年 2.23% 和 4.65% 的速度递增，我国则分别以每年 7.67% 和 9.53% 的速度增长，分别高出世界平均增速 5.44 个百分点和 4.88 个百分点。进入 21 世纪以来，我国辣椒生产继续保持快速发展势头，已成为仅次于大白菜的第二大蔬菜作物。目前，我国辣椒常年播种面积稳定在 130 万公顷以上，约占世界辣椒生产面积的 15.95%，年总产量为 2800 多万吨，居世界之首，已成为世界上最大的辣椒种植国和消费国，也是世界辣椒出口第一大国。

从生产区域看，我国辣椒产地主要为陕西、贵州、湖南、四川、河南、山东等省，同时这些地区又是我国辣椒消费量较大的区域。目前我国有 160 多个县（乡、镇）都将辣椒作为重要的特色农产品，甚至是作为支柱产业加以发展，辣椒生产优势产区不断形成，并培育出一批知名的辣椒品牌，如邱北辣椒、鸡泽辣椒、绥阳朝天椒、宝鸡线椒、益都红、天鹰椒、牛角王、三樱椒和长角辣椒等。从产区动态发展来看，山东、内蒙古等北方地区因土壤、气候适宜辣椒生长，产量相对较高，尤其上述区域设施栽培面积的不断扩大，导致湖南等辣椒传统主产区的生产竞争力有所下降。

在辣椒栽培生产的带动下，我国辣椒加工企业不断涌现，规模较大的企业有 200 多家，并开发出辣椒干、油辣椒、剁辣椒、辣椒粉、辣椒酱、辣椒油等 200 多个品种，涌现出不少国内外知名的辣椒制品品牌，如“老干妈”“老干爹”“乡下妹”“坛坛香”“辣妹子”等。在辣椒产业发展过程中，山东、云南等省份选择在辣椒深加工上寻求突破，已开发出辣椒红色素、辣椒素、辣椒碱及辣椒籽油等主打产品，因其具有天然、无毒、无副作用等特点而在食品、医疗、化妆及军事行业中得到广泛应用，现已出口至美国、德国、日本等国家。辣椒系列加工制品表现出强劲的发展势头，成为食品行业中增幅最快的门类之一，有力地促进了我国辣椒产业的发展，辣椒也由此成为出口增收的重要农产品之一。

目前，我国辣椒产业总体发展情况良好，但也存在制约产业健康发展的诸多不利因素，生产上需加以不断调整和改进以促进我国辣椒产业的更好发展。

1）辣椒新品种更新换代速度缓慢，专用品种和熟性配套品种研发不能满足生产需求，主要表现在以下方面：

① 在干、鲜两用辣椒加工产区，目前采用的干椒品种多为农民自留种的地方常规品种，多年种植导致品种混杂、退化严重，在产量、抗病性及色泽等品种性状方面均需改良提升。

② 栽培品种相对单一，适于深加工或观赏型、生食水果型等专用品种开发不足。

③ 适于保护地栽培，具有较强抗性和适于不同茬口早、中、晚熟配套的良种研发尚不能满足生产需求。

2）辣椒标准化、规范化和无公害栽培技术体系的推广应用水平不高，辣椒产品安全和产区环境健康存在一定问题。辣椒产区多年连作导致疫病等土传病虫害发生严重，为克服连作障碍大量施用药肥引发农药残留和环境污染，不利于辣椒的安全生产。测土配方施肥、膜下暗灌、秸秆发酵还田等新技术推广应用不够及病虫害无公害综合防治水平不高均可导致产区辣椒单产较低，品质较差，对发展出口造成不利影响等。

3）辣椒加工层次和水平较低，品牌培育不足，主要表现为：加工企业小而散，产品缺乏国家标准，产品质量不一，缺乏大型龙头骨干企业，加工企业整体市场竞争力较差；辣椒深加工明显滞后，产品附加值不高等。

4）市场体系培育不足，生产波动较大，主要表现在我国辣椒生产市场信息化建设和预警体系构建不足，农民生产辣椒多根据上年价格和经验加以确定，导致辣椒价格年际间波动较大，“椒贱伤农”现象时有发生，挫伤了农民的生产积极性，不利于辣椒生产的稳定发展。

二 我国辣椒产业发展策略

1）加快辣椒新品种的研发和推广，为辣椒产业发展提供核心支撑。应切实根据生产实际需求，不断创新育种目标，加快抗逆、抗病、具有不同熟性和生态适应性及加工专用型辣椒新品种的研发和推广力度，满足市场多样化需求。

2）提升辣椒标准化、规模化和工厂化生产水平，确保优质安全生产。应根据各地实际，结合土地流转、专业合作社和家庭农场建设，适度发展辣椒规模化和订单式工厂化生产，统一生产标准，保障产品质量和环境健康。在条件适宜地区，鼓励发展有机辣椒等高端产品。

3）提高辣椒精深加工水平，延长产业链条，进一步提高产品附加值。各辣椒主产区应立足本地资源优势，加大对辣椒红色素、辣椒碱和β-胡萝卜素等深加工产品的开发力度，并不断完善产品质量标准体系，以不断提高我国辣椒加工产品的国际竞争力。

4）加强辣椒市场体系建设，为辣椒生产销售提供保障。各地应着力强化辣椒专业市场建设，培育相对完善的市场体系，加强市场信息化平台和物联网建设，逐步构建辣椒市场预警机制，为我国辣椒产业的可持续发展提供保障。

第二章

辣椒的生物学特性及对环境条件的要求

第一节　辣椒的生物学特性

1. 根系

辣椒为浅直根系植物，根系发育较弱，木栓化程度高，根量少。其主根入土浅，生长速度慢，直到长有 2～3 片真叶时才发生较多的二次侧根（图 2-1）。茎基部不易发生不定根，根受伤后再生能力较差；育苗时主根被切断后，可从残留的主根上和根颈部发生侧根。其主要根群多分布于周围水平 40～50cm、深度为 10～15cm 的土层内，总体表现为既不耐旱也不耐涝。

图 2-1　辣椒根系

根的最前端有 1～2cm 长的根毛区，其上密生根毛。根毛的寿命虽然只有几天，但因其密度大、吸水能力强且有力，是根系中吸收最活跃的部分。如果育苗和栽培条件差，根系极易受损。老根多木栓化，只能通过皮孔吸水，吸水量较少。根吸水主要依靠幼嫩的根和根毛，所以栽培中须保证辣椒不断地发生新根和长出根毛。

【注意】 在辣椒育苗和移栽过程中应保护根系是早熟丰产栽培的重要环节之一。采用养地苗的应在定植前进行囤苗，以促发白色新根并带土坨移栽。

2. 茎

辣椒的茎直立，主茎较矮，株冠较小，株型较紧凑。当主茎长出一定叶数后，茎的先端形成花蕾。花蕾以下的节萌发出侧枝，其中临近花芽的2或3个侧枝生长最为旺盛，呈二杈（图2-2）或三杈

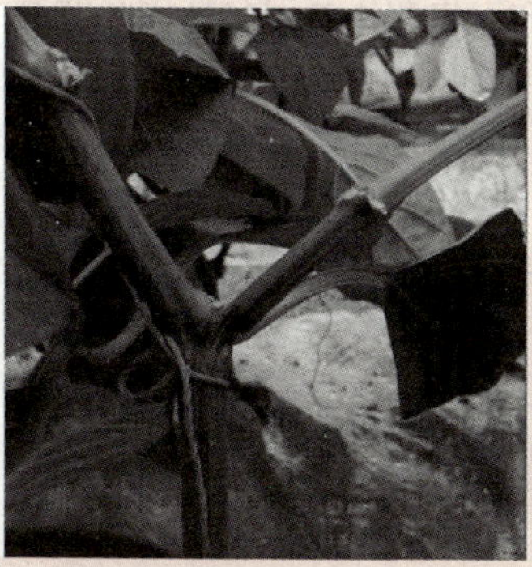

图2-2 辣椒二杈分枝示意图（左）与实图（右）

（图2-3）向上继续生长，果实即着生于分杈处。前期的分枝节主要在苗期形成，后期分枝主要取决于定植后结果期的栽培条件。如果夜温较低，则植株生长缓慢。当幼苗营养状况良好时，以三杈分枝居多，反之以二杈分枝为多。辣椒基部主茎各节叶腋均可抽生侧枝，但开花结果较晚，在生产上意义不

图2-3 三杈分枝

大，应及时摘除，以减少养分消耗。露地栽培条件下的株高多为40~60cm。因品种不同茎的直立性和开张角度（株幅）存在差异：一般小果型品种的株冠较为开张；某些大果型品种的植株直立性强，但也存在界于以上两种株型之间的中间株型。

辣椒分枝结果习性很有规律，可分为无限分枝型和有限分枝型两类。

（1）无限分枝型 当主茎长至7~15片叶时，顶端出现花蕾并开始发生分枝，以后每隔1片叶分枝1次，分枝的叶节可达到20~25节。果实生长到上层后，由于果实生长争夺养分的影响，分枝规律可能发生变化，即分枝中必然有1个枝条生长比较强壮，而另1个枝条生长相对较弱，但分枝规律一般还要延续下去。目前绝大多数生产品种属于无限分枝类型，一般表现为植株高大、生长茁壮。

（2）有限分枝型 主茎抽生一定叶片数后，顶端发生花簇封顶，形成果实。花下的腋芽抽生分枝，分枝的叶腋还可能再发生副侧枝，侧枝和副侧枝都被花簇封顶，但多不再结果。之后植株不再发生分枝，栽培中一般密度较大。部分观赏品种与干椒品种属于有限分枝类型，一般表现为植株矮小、生长较弱、产量较低，此类型在生产上现已很少应用。

3. 叶

辣椒种子播种出苗后，最早出现的两片扁长的叶称为子叶，以后长出的叶称为真叶。子叶初展开时呈浅黄色，以后逐渐转为绿色。在真叶出现前，子叶（图2-4）是辣椒唯一的同化器官，子叶生长的好坏直接影响幼苗的质量，同时也可以从子叶的生长状况来判断幼苗生长是否正常。如土壤水分不足时子叶不舒展；水分过多或光照不足时子叶发黄；水分供应不均，土壤忽干忽湿或温度变化大时子叶易脱落。

图2-4 辣椒子叶与真叶

辣椒的真叶（图 2-4）为单叶、互生，叶面光滑，微有光泽，叶片绿色，不同品种叶色深浅有所差别。叶片圆形、披针形或椭圆形，全缘。一般大果型品种叶片较大，微圆；小果型品种叶片较小，微长。辣椒叶片的生长状况可以反映植株的健壮程度。其叶型与营养及环境条件有一定的关系：氮素不足时，叶型变长；钾肥充足时，叶幅较宽；氮肥过多、夜温过高时，叶柄变长，且顶部嫩叶呈凹凸不平状；夜温低时叶柄变短；土壤干旱时叶柄稍弯曲，叶身下垂；土壤过湿时，整个叶片呈萎蔫下垂状；低温环境下育苗，叶芽发育不良，可出现部分叶片缺刻。

随植株生长，叶片及果实着生的位置逐渐上移，株丛不断扩大。植株的生殖生长和营养生长是否协调，可以从结果位置以上的枝叶层厚度或开花位置以上展开叶数的多少来判断：结果节位以上枝叶层厚度在 20 ~ 25cm 或开花位置以上有 3 ~ 4 片展开叶时，可认为植株生长正常。若枝叶层厚度大于 25cm，节间显著伸长，花器小，质量差，则属于徒长型植株；反之，若开花位置距先端较近，节间短，根系差，则为营养生长受到抑制的植株长相。

4. 花

辣椒花是雌雄同花的两性花，由花萼、花冠、雄蕊、雌蕊等部分组成，多为白色或绿白色，自花授粉。雄蕊有 5 ~ 6 个花药，围生于雌蕊外侧。根据花药与雌蕊柱头的相对位置可将辣椒花分为长柱花、短柱花和中柱花（图 2-5、彩图 1 ~ 彩图 3）3 种花型，它们的产生受植株营养状况和环境条件的影响。温度适宜，植株分化发育成柱头略高出花药的花称为长柱花，可正常授粉，一般落花率低于 5%。若植株营养不良，花芽分化发育成花药与柱头平齐的花称为中柱花，一部分中柱花不能自然授粉，落花率可达 30%。当植株营养或环境不良时则短柱花增多，因花粉不易落到柱头而多授粉不良，落花率高达 90%，一般坐不住果。主枝和靠近主枝的侧枝一般营养状况较好，花器正常。远离主枝的侧枝则中柱花和短柱花较多，落花严重。此外，生长期间浇水过多或过少，可致幼苗徒长或长势弱，均显著影响开花和坐果。因此，栽培上应注意改善植株营养和环境条件，尽量减少短柱花率，提高花的质量是增加结果数的关键。

图 2-5　辣椒不同的花柱花示意图

发育正常的幼苗在出现 3～4 片真叶时开始有花芽分化，从花芽分化到开花约需 30 天。当花芽分化到萼片形成期或花瓣形成期时，在花芽两侧各产生 1 个凸起，后逐渐发育成为侧枝，即二杈分枝。在前一个分化过程中，侧枝芽在约分化出 3 个叶原基后，也按照上述过程进行下一层花的花芽分化和发育过程。当植株长至 11 片真叶时可形成 28 个左右的花芽。

辣椒第一分杈出现的花俗称门花，结的果实俗称门椒；第二层花俗称对花，结的果实俗称对椒；第三、四层分别称为四门斗、八面风；再向上的花较多，称为满天星。

5. 果实

辣椒果实为浆果，是由子房发育而成的真果，食用部分为果皮。果实形状以灯笼、长灯笼、扁柿、羊角、牛角、圆锥、线形居多，一般有 2～4 个心室，重量从几克到 400g 不等。圆形或灯笼形辣椒果多为 3～4 室，细长形（羊角形）辣椒果多为两室。未熟果一般为绿色，但深浅有所不同，个别品种青果为紫色、白色、黄白色等。成熟的果实多为红色，少数品种成熟果为黄色、橘红色、褐黄色等。辣椒果实从开花到商品果成熟（果实充分膨大达绿熟期）需 25～35 天，到生理成熟（红熟期）需 45～60 天。但在冬季温度较低的保护地栽培条件下从开花到生理成熟约需 100 天。辣椒坐果示意图如图 2-6所示。

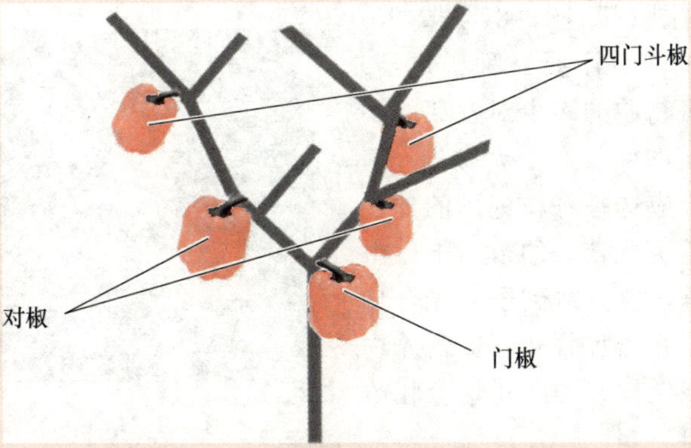

图 2-6　辣椒坐果示意图

在植株衰老或营养不良、夜温低、日照较弱、土壤干燥或栽植过密时，果实发育受抑，往往形成小果，有时形成“僵果”。即使是正常果，在土壤干旱或施肥过多、土壤溶液浓度过高、植株吸收水分受抑制时，果实也会变短。夜温过低，果实先端会变尖。高气温、土壤干旱、地温高、多肥、植株对水分及钙的吸收受阻时，容易发生顶腐病。

6. 种子

辣椒的种子呈扁平状，微皱，形似肾脏，浅黄色或乳白色，新鲜的种子具有光泽。小粒种子千粒重为 5.2 ~ 5.8g，大粒种子千粒重可达 6 ~ 7.5g。种子寿命一般为 5 ~ 7 年，但安全使用年限仅为 2 ~ 3 年。

第二节　辣椒的生长发育周期

辣椒的生长发育周期是指从种子萌发开始到重新获得种子的整个过程。可将其分为 4 个时期：发芽期、幼苗期、开花坐果期、结果期。

1. 发芽期

从种子萌动到第一片真叶出现（破心）为发芽期，需 10 ~ 15

天。辣椒经催芽播种后一般5~8天出土，出土后15天左右出现第一片真叶（图2-7、图2-8、图2-9）。发芽期的养分主要靠种子供给，种子储藏物质的多少对发芽的快慢及幼苗的生长有很大影响，因此生产上应选择籽粒饱满的种子以利于培育壮苗。幼苗出土后由种子异养阶段过渡到子叶光合自养阶段，开始吸收和制造营养物质，此期保护好子叶对培育壮苗至关重要。

图2-7　幼苗出土

图2-8　第一片真叶出现

图2-9　子叶展开

【提示】 辣椒发芽期生长量比较小，幼根吸收能力很弱，在栽培管理上应促进种子迅速、整齐发芽出土，做到苗齐苗壮。

2. 幼苗期

从第一片真叶显露到第一个花蕾现蕾为幼苗期（图2-10），需60~70天。幼苗期的长短因育苗方式和管理水平不同而有差异：一般阳畦育苗多为70~90天，温床或温室育苗多为60~70天，环境适宜条件下不分苗时仅为40~50天。

幼苗期可分为两个阶段：2~3片真叶以前为基本营养生长阶段；植株长至4片真叶，茎粗为0.15~0.2cm时开始花芽分化，之后营养生长与生殖生长并行。生产上为避免分苗伤根影响花芽分化，宜在3叶或3叶1心前进行分苗。适于花芽分化的温度是24℃。温度适宜时花芽分化早，着生节位低，开花也早。温度过高时花芽质量差，温度过低或苗床施用钾肥多时花量少，着生节位高。自然日照比长日照下形成花芽快，花量多，花的质量好，坐果率也高。幼苗期新陈代谢非常旺盛，光合作用所产生的营养物质，除植株本身呼吸消耗外，几乎全部用于新生根、茎、叶的生长需要。

图2-10　辣椒幼苗

【提示】 辣椒幼苗期的栽培管理应合理调控温度、光照、水分及养分供应，创造适宜的苗床环境，培育茎秆粗壮、根系发达、花芽分化正常、无病虫害的壮苗。徒长苗和老化苗的花芽分化不良，严重影响开花坐果，不利于早熟丰产。

3. 开花坐果期

从门花出现花蕾到坐果为开花坐果期（图2-11），一般为10～15天。此期植株生长量大，各器官生长迅速，同时又是以营养生长为主转向营养生长与生殖生长并举的关键时期，管理的好坏直接影响辣椒的早期产量和总产量。此期应注意加强肥水管理，供水不宜过多，否则植株营养生长过旺，消耗养分多，花蕾得不到足够的营养易落花落果。一般只在初花期前浇1次水，以供开花坐果所需，盛花期如果土壤不过干则不浇水，如果过于干旱也可浇小水1次，但不可大水漫灌。辣椒果实长至3cm大小时可追膨果水肥1次，即每亩（1亩＝667m^2）随水冲施硫酸钾10～15kg。此外，此期温度过高或过低，光照不足或过于干燥均会影响辣椒授粉受精，并引发落花落果。

图 2-11　辣椒开花坐果期

【提示】　辣椒开花坐果期宜结合肥水管理进行适当蹲苗，以调节地上部和地下部、营养生长和生殖生长的关系，促进早熟丰产。

4. 结果期

从门椒坐果到收获结束为结果期（图 2-12），其长短因栽培地区和栽培方式不同而不同，一般为 50～120 天。此期秧、果同时生长，营养生长和生殖生长的高峰周期性出现，坐果也呈周期性变化。当植株结果增加时，新开花的质量下降，短柱花增多，坐果率下降。果实摘除后，减少了植株上果实数或缩短了果实生长时间，养分消耗减少，花的质量相应提高，开花数和坐果率又恢复正常。

图 2-12　辣椒结果期

【提示】结果初期，由于植株营养体较小，果实应适当早采收，以促进植株健壮生长，增加开花数和提高坐果率。本期要注意加强肥水管理，创造良好的栽培条件，促进秧、果并旺，保证茎叶正常生长，延缓衰老，延长结果期，提高产量。

第三节 辣椒对环境条件的要求

1. 温度

辣椒属于喜温作物，种子发芽的适宜温度为25～30℃，温度超过35℃或低于10℃时发芽不良或不能发芽。25℃时发芽需4～5天，15℃时发芽需10～15天，12℃时发芽需20天以上，10℃以下发芽困难。

辣椒生长发育的适宜温度为20～30℃。当温度低于15℃时，生长发育受阻，持续低于12℃时可能受害，低于5℃则植株易遭寒害而死亡。种子出芽后，具有3片真叶时抵抗低温的能力最强，较短时间内在0℃下也不发生冷害，这也是冷床育苗小苗能过冬的原因。

辣椒生长发育期适宜的昼夜温差为6～10℃，以白天26～27℃、夜间16～20℃较为适宜。生长发育阶段不同，对温度的要求不同。苗期保持白天温度为30℃，可加速出苗和幼苗生长；夜间宜保持较低的温度在15～20℃之间，以防苗期徒长。当环境温度低于15℃时，花芽分化受到抑制；20℃时开始花芽分化，需要10～15天。辣椒授粉结实以20～25℃的温度较适宜。低于10℃，难以授粉，易引起落花落果；高于35℃，由于花器发育不全或柱头干枯不能受精而落花，即使受精，果实也不发育而干萎。果实发育和转色要求温度在25℃以上。所以，辣椒在夏季高温季节或冬季保护地低温环境下栽培不易坐果，生产上应予以注意。

2. 水分

辣椒的需水量不大，但由于根系不发达、吸水力弱，因而既不耐旱，也不耐涝。辣椒的不同品种及不同生长发育阶段对水分的需求不尽相同，一般小果型品种较大果型品种耐旱。种子吸水充足后才能正常发芽，所以一般催芽前种子需浸种6~8h，过长或过短都不利于种子萌发。幼苗需水较少，如果苗期土壤过湿，通气性差，则植株根系发育不良，生长纤弱，抗逆性差，易感病。定植后辣椒的生长量加大，需水量增多，要适当浇水以满足植株生长发育的需要，但仍然要控制水分，以利于地下根系生长，抑制植株徒长。初花期植株需水量增加，须增大供水量，满足开花、分枝的需要。此期土壤干旱、水分不足，极易引起落花。果实膨大期植株生长量大，应给予充足的水分，若供水不足，则果实膨大速度缓慢，果表皱缩、弯曲，色泽暗淡，易形成畸形果，降低种子的千粒重而影响产量和种子质量。但水分过多也易导致落花、落果、烂果、死苗（棵）。

空气湿度对辣椒生长发育也有影响，一般空气相对湿度为60%~80%时植株生长良好，坐果率高。湿度过高则授粉不良，易引发落花和病害。另外，土壤水分多，空气湿度高，气温较低时易发生沤根，叶片、花蕾、果实黄化脱落；若遭水淹没数小时或田间积水，可导致植株成片死亡。

【注意】 辣椒育苗期间水分供应不宜过多或旱、湿交替，否则易造成子叶及下部幼叶脱落，环境温度较低时还可引发“沤根”，造成生产损失。

3. 光照

辣椒要求中等强度光照，较耐弱光，其光饱和点为30000~40000lx，光补偿点为1500lx。辣椒虽属于短日照作物，但对长日照环境也能适应，栽培上对日照长短要求不严格。幼苗生长期，良好的光照是培育壮苗的必要条件。若光照充足，则幼苗节间短，茎粗壮，叶片肥厚，颜色深绿，根系发达，抗逆性强，不易感病。我国冬春辣椒育苗期间雨雪天气多，光照强度达不到辣椒的光补偿点时应经常通风见光，增加或补充光照。成株期光照充足是促进辣椒枝繁叶茂、茎秆粗壮、叶面积大、叶片厚、开花结果多、果实发育良好、产量高的重要条件。光照不足，往往造成植株徒长、茎秆瘦长、叶片薄、花蕾果实发育不良，容易出现落花、落果、落叶现象。辣椒不耐强光，夏季光照过强不利于辣椒生长，尤其在高温、干旱、强光条件下易发生病毒病和日灼病。因此，辣椒生产应适当密植，在保护地内栽培效果更好。夏季露地栽培时应适度遮阴（遮光30%）或与高秆作物间作有利于获得高产。

4. 土壤

辣椒栽培以肥沃、富含有机质、保水保肥力强、排水良好、土层深厚的沙壤土为宜，适宜 pH 为 6.2 ~ 7.2。因根系发育差，辣椒盐碱地栽培时易感染病毒病。一般沙性土壤栽培辣椒容易发苗，前期幼苗生长较快，坐果好，但后期植株易脱肥早衰，果实小，产量低。黏性土壤则不利于根系发育，前期发苗较慢，但后期保水保肥性好，植株生长旺盛不易早衰。

5. 养分

辣椒生育期间需要充足的氮、磷、钾等大量元素及钙、镁、铁、硼、钼、锰等多种微量元素，每生产 1000kg 辣椒需要氮 3.5kg、磷 0.8kg、钾 4.5kg、镁 0.9kg。在整个生育阶段，辣椒对氮的需求量最多，占 60%；钾次之，占 25%；磷占 15%。幼苗期需肥量不大，但要求养分供应全面，一般以施入充分腐熟的有机肥为主，同时配施磷、钾肥以促进幼苗花芽分化。施用磷肥可促进辣椒根系发育，磷肥不足时开花延迟，花量少，且易形成短柱花。初花期植株开始发育，应追施适量氮、磷肥，肥量不宜过大，以免植株徒长，开花延迟或落花落果。结果收获期植株对氮、磷、钾肥需求量大，应加强肥水管理，适当增加钾肥供应可促进辣椒茎秆健壮和果实的膨大。

辣椒的辣味受氮、磷、钾素含量比例的影响，偏施氮肥，磷、钾肥较少时，辣味低；氮肥较少，磷、钾肥多时辣味浓。

辣椒为连续坐果、多次采收的蔬菜，产量高、需肥量大，故采收期内一般每次采收前 2 天左右应追肥 1 次。越夏栽培则应氮、磷、钾平衡施肥，有利于植株发育，提高其抗病性和抗逆性。

第三章

辣椒的栽培类型及优良品种介绍

第一节 辣椒的栽培类型

辣椒根据果实的特征，可分为五个变种。

1. 樱桃椒类

植株中等或矮小，分枝性强，叶中等或较小，圆形、卵圆形或椭圆形。果实向上或斜生，小如樱桃，圆形或扁圆形。果色有黄、红、紫等色。果肉薄、种子多、辣味浓。适于制干辣椒或供观赏，如成都的扣子椒、五色椒（图3-1）等。

图3-1 五色椒

2. 圆锥椒类

植株中等或矮小，叶中等大小，卵圆形。果实为圆锥形或圆筒形，多向上生长，果肉较薄，辣味中等，主供鲜食青果。如南京早椒、成都二斧头等。

3. 簇生椒类

植株中等或高大，分枝性不强，叶狭长。果实簇生，向上生长，果色深红，果肉薄，辣味浓，油分高。晚熟、耐热、抗病毒力强。但产量较低，主供调味用。如四川七星椒（图3-2）等。

图 3-2　簇生椒

4. 长角椒类

株型矮小至高大，分枝性强，叶片较小或中等。果实一般下垂，为长角形，先端尖，微弯曲，似牛角、羊角、线形，果长为 7~30cm。辛辣味浓，可供鲜食、干制、盐渍和制酱，如长沙的牛角椒、杭州的羊角椒、陕西的大角椒(图 3-3)、四川的二金条等。

牛角椒　　羊角椒　　大角椒

图 3-3　长角椒

5. 灯笼椒类

植株中等或矮小，分枝性弱，叶片较大，长卵圆形或椭圆形。果形较大，蓬松，圆球形、扁圆形、短圆锥形，一般呈钟状。果表具纵沟，果肉极厚，含水分多，单果重可达 200g 以上。一般耐热和抗病力较差。单株坐果少。颜色各异，老熟果实多数呈红色，少数黄色。辣味淡或无，味甜，故又名甜椒（图 3-4）。

图 3-4　甜椒

第二节　辣椒的优良品种

一　长角椒类优良品种

1. 美国特大牛角王（图 3-5）

该品种从美国引进。果实呈牛角形，中晚熟品种。植株生长势强，株高为 85～90cm，分枝性强。果实绿色，果实长牛角形，果长为 38cm、粗为 6cm 左右，单果重为 40～50g。辣味适中，抗病耐寒、耐热。它是大小棚保护地和露地栽培的好品种。

图 3-5　美国特大牛角王

2. 百圣辣椒（图 3-6）

该品种由韩国引进。果实呈粗牛角形，果皮嫩绿色，微辣，口味极佳，商品性好。果长为 25～27cm，横径为 5～6cm，单果重为 160～180g，最大果达 250g 左右，早熟抗病，耐热，分枝能力强，节间短，连续坐果能力强。高抗小叶病、花叶病等病害，是春秋保护地和露地栽培的理想品种。

3. 长丰辣椒（长剑）（图 3-7）

长丰辣椒是由日本引进的杂交一代品种。极早熟，7 片叶左右开始现蕾，膨果速度快，比一般品种早熟 15 天左右；果个大，商品性好，果皮黄绿色，有光泽，果长为 27～35cm，果径为 4～6cm，平均单果重为125g，大果可达230g；果肉厚，货架期长，产量特高，连续坐果能力强；耐湿、耐低温、耐弱光，抗病性强，适宜全国各种保护地和华北地区露地栽培。

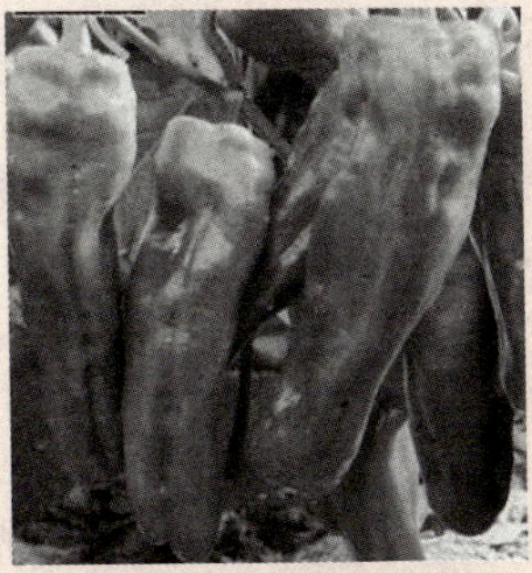

图3-6　百圣辣椒

图3-7　长丰辣椒

4. 中田秀吉（图3-8）

中田秀吉是由日本引进的杂交一代品种。属于大果型羊角椒品种，果实长为28～36cm、粗为4～5cm，单果重为130～150g，最大果可达200g，辣味适中。无限生长型，早熟，植株长势旺盛，连续坐果能力强，商品性佳，产量高，抗逆性及抗病性强。

5. 世纪椒王（图3-9）

世纪椒王是由寿光市凯特种业有限公司引进的品种。果实牛角

图3-8　中田秀吉

图3-9　世纪椒王

形，浅黄绿色，果肉厚，是新一代特大果辣椒的最新品种，单果重为150～210g，果长为30～35cm，最长者可达41cm，果径为5～5.5cm，中早熟，抗病，丰产，植株无限生长，抗病性强，品质优。

6. 中椒106（图3-10）

该品种由中国农业科学院蔬菜花卉研究所选育。中早熟，果实呈粗牛角形，长约为15cm，粗约为5cm，单果重为50～60g，大果可达100g以上，青果绿色，成熟后亮红色。味微辣，品质优良，耐储运。田间抗逆性强，耐热，抗病毒病、疫病。

7. 中寿12号（图3-11）

该品种由中国农业大学寿光蔬菜研究院选育。中早熟，微辣。植株较直立，叶片大，弱枝少。果实长粗羊角形，纵径为25～30cm，单果重为120～150g，果肉厚为0.5cm左右，果面黄绿色，光滑而富有光泽，商品性极佳。果肉脆甜，口感好。植株上、下部果实大小较一致，连续坐果性极强，高产稳产。抗TMV（烟草花叶病毒）、根结线虫，耐CMV（黄瓜花叶病毒）和疫病，较耐低温和高温。适于温室和大棚普通栽培，也适宜温室长季节栽培。

图3-10　中椒106

图3-11　中寿12号

苗期人工接种鉴定TMV的病情指数为12.5，CMV的病情指数为35.1，根结线虫的病情指数为18.6。每100g鲜重维生素C含量137mg左右，干物质7.8g，总糖4.1g。

8. 中华龙椒（图3-12）

该品种由开封市辣椒研究所选育。果实呈牛角形，早中熟，辣味重，连续坐果能力强，果长为25～35cm，果粗为4.5cm，表面微皱，上下果大小基本一致，每亩产量为4000～5000kg。适宜于北方春秋保护地、露地种植。

9. 渝椒6号（图3-13）

渝椒6号由重庆市农业科学院蔬菜花卉研究所选育。果实牛角形，青椒浅绿色，红椒大红色。果实纵径为12.5cm，横径为3.8cm，单果重为37.5g，单株挂果约42个。半辛辣型，果实脆嫩，适合鲜食。早熟品种，生长势强，始花节位第13节左右。田间表现为抗病毒病，中抗疫病、炭疽病，耐储运。

图3-12　中华龙椒

图3-13　渝椒6号

10. 盛丰1号（图3-14）

盛丰1号由北京京域威尔农业科技有限公司选育。中早熟大牛角类型品种，生长势稳健，始花节位第9～10节，嫩果翠绿色，商品性好，果长为28cm左右，粗为3.5cm左右，抗病性强，适宜北方春秋棚室及露地栽培。

11. 锦辣红娇（图3-15）

锦辣红娇为中早熟一代杂交种，生长健壮，从定植到收获需35天左右，果实长圆锥形，果实长为15cm，果径为6cm，单果重为180～200g，果实翠绿色，老熟果红色，光滑，有光泽，肉厚腔小，耐储运，高抗病毒病、枯萎病，中抗疫病，商品性极佳，连续坐果能力强。

图 3-14　盛丰1号

图 3-15　锦辣红娇

12. 辣八螺丝椒（图 3-16）

该品种由江西正邦种业有限公司选育。早熟，果形呈螺丝状，果肉厚度适中，皱皮，粗长羊角椒类型。果长为25cm左右，果横径为3.8cm，单果重为60~70g，青果绿色，辣味浓，抗病毒病，耐疫病，适宜保护地及露地栽培。

13. 陇椒5号（图 3-17）

陇椒5号是由甘肃省农业科学院蔬菜研究所选育的杂交一代品种。早熟，果实长羊角形，果面有褶皱，果长为25cm，果横径为3cm，单果重为40g，果色绿，味辣，果实商品性好，品质优良，抗病毒病，耐疫病。适宜北方地区保护地及露地栽培。

图 3-16　辣八螺丝椒

图 3-17　陇椒5号

14. 胭脂辣（图 3-18）

胭脂辣由重庆市农业科学院蔬菜花卉研究所选育。果实牛角形，青椒墨绿色，红椒酱红色。果长为 12.8cm，果横径为 1.5cm，单果重为 15g，生长势强，始花节位第 13 ~ 15 节，属中晚熟品种，单株挂果 48 个，中抗炭疽病。属于酱制、泡制加工专用品种。

15. 艳椒 2 号（图 3-19）

该品种由重庆市农业科学院蔬菜花卉研究所选育。果实长牛角形，青椒深绿色，红椒大红色。果实纵径为 13 ~ 16cm、横径为 1.5cm，单果重为 15 ~ 17g，单株挂果 45 ~ 50 个；生长势强，始花节位第 12 ~ 14 节，中熟品种，辛辣型。田间表现为抗病毒病，中抗炭疽病，耐热，抗倒伏。适于酱制、干制。

图 3-18　胭脂辣

图 3-19　艳椒 2 号

16. 艳椒 5 号（图 3-20）

该品种由重庆市农业科学院蔬菜花卉研究所选育。果实小羊角形，辛辣型，青椒深绿色，红椒大红色。果实纵径为 10.5cm，果横径为 1.5cm，单果重为 10g，单株挂果 40 ~ 50 个。该品种生长势强，始花节位第 14 节左右，中晚熟，抗炭疽病，耐热性好。适于干制、泡制及辣红素提取。

17. 红椒 589（图 3-21）

红椒 589 由重庆市农科所培育。果实细牛角形，青椒绿色，红椒大红色，辛辣型。果实纵径为 12.6cm，横径为 1.6cm，单果重为 13.1g，单株挂果约 43 个。该品种生长势强，始花节位第 13 节左右，中熟，抗病毒病、炭疽病，耐热，抗倒伏。适于酱制、干制。

图 3-20　艳椒 5 号

图 3-21　红椒 589

18. 红泽 1 号（图 3-22）

该品种由邯郸市农科所选育，该品种是利用鸡泽优质羊角椒和四川辣椒品种资源杂交选育成的最新品种。早熟，株高为 60cm，株幅为 55cm，果长为 20cm，果肩宽为 1.8cm，单果重为 18～20g，嫩果皮绿色，成熟果鲜红色，辣味浓，含水量低，适宜鲜食或加工。植株抗病性强，耐高温，一般亩产鲜椒 3000kg。

19. 羊角红 1 号（图 3-23）

该品种由邯郸市羊角红辣椒研究所选育。中早熟品种，果实羊角形，皮薄、肉厚、油多、籽香、维生素 C 含量高、辛辣适中。果纵径为 20cm，果横径为 2cm，单果重为 20g。生长势旺，连续坐果率强，抗病毒病，耐疫病，耐热性好，适应性好。

图 3-22　红泽 1 号

图 3-23　羊角红 1 号

20. 邯优尖辣椒（图 3-24）

该品种由邯郸市农科所选育而成。中熟品种，果长为 15cm，果皮紫红色，肉厚，辣味浓，较抗病毒病，商品性好。适合春播和夏播，春播亩产 2000～2500kg，夏播亩产 1500～2000kg。

21. 基地火辣 3 号（图 3-25）

该品种由江西正邦种业有限公司选育。早中熟品种，果实细长羊角形，果长为 22cm、横径为 1.6cm，单果重为 23g 左右，青果深绿色，红果鲜红色，辣味浓，口感好，果实硬度好，耐储运，果实光亮美观，商品性极佳。植株生长势旺，连续坐果能力强，抗病强，适应性广，连续采收期长，产量高，属于青、红两用高产型组合。

图 3-24 邯优尖辣椒

图 3-25 基地火辣 3 号

22. 绿金线（图 3-26）

绿金线是由江西正邦种业有限公司选育的早熟品种。果实呈长羊角线形，果长为 23～25cm，果径为 1.5cm 左右，单果重为 23g 左右，青果绿色，熟果鲜红色，味辣，抗性强，产量高。适合干、鲜、加工三用。

23. 基地火辣 88（图 3-27）

该品种由江西正邦种业有限公司选育。早熟，辣味浓，果长为 26cm 左右，果径为 1.7cm 左右，单果重为 26g 左右，果面微皱，坐果整齐集中，坐果率高，青果嫩绿色，果顺直，口感清脆，味香辣，熟果鲜红色。耐湿，耐热，抗病性强，适应性好，产量高，适宜全国区域栽培。适于鲜食、酱制、干制。

图 3-26　绿金线

图 3-27　基地火辣 88

24. 辛红 1 号（图 3-28）

图 3-28　辛红 1 号

该品种由重庆市农科所培育。属于长角椒类中的短指型，半辛辣。青椒深绿色，红椒大红色，果面有裂纹。果长为 5.8cm，果径为 2.8cm，果肉厚为 0.35cm，单果重为 15～25g，单株挂果 30 个；该品种生长势强，始花节位第 9～11 节，中熟。中抗炭疽病，耐热，抗倒伏。属于泡制专用品种。

二　灯笼椒类优良品种

1. 红罗丹（图 3-29）

红罗丹是由瑞士先正达公司选育的杂交一代甜椒品种。果实长方形，果皮光滑、鲜亮，成熟时颜色由绿转红。果长为 15cm，果径为 9cm，果肉厚为 0.7cm，单果重为 250g 左右，3 或 4 心室。植株高大旺盛，属无限生长型，生长势强。果实耐储藏和运输，货架期长。

2. 红英达（图 3-30）

红英达是由先正达种苗有限公司从荷兰引进的品种。果实灯笼形，果皮绿色，果肉厚实，果长为 11cm 左右，果肩宽约为 9cm，果肉厚约为0.5cm，平均单果重为170g左右。3~4心室，果面光滑，品质优，商品性佳。株高60~70cm，始花着生节位为第9~10节，中早熟，生育期130~140天，植株生长势旺盛，株型紧凑，分枝较多。

图3-29　红罗丹

图3-30　红英达

3. 美国西圆椒（图3-31）

该品种从美国引进。果实呈方灯笼形，3~4心室，单果重为150~300g，果肉厚为0.6cm，味脆甜，表面光滑，嫩果深绿色，熟果大红色，耐储运。植株生长势强，株高为63cm，开展度为55cm。既可鲜食，又适合出口外销或脱水加工。

4. 美洲甜冠1号（图3-32）

该品种从美国引进。大果型品种，方正灯笼椒，果长为12~13cm，

图3-31　美国西圆椒

图3-32　美洲甜冠1号

果横径为 11～12cm，肉厚为 0.7～1.0cm，单果重为 350～450g。果色深绿，有光泽，果面光滑，肉厚，果硬，耐储运。生长健壮，抗病力强，适应性广。保护地、露地兼用型，注意肥水管理，防止畸形果产生。

5. 美洲甜冠 2 号（图 3-33）

该品种从美国引进。方正灯笼椒，果长为 12cm，果径为 11cm，单果重为 300g 左右。果色浅绿，肉厚，果硬，商品性优。生长势旺盛，连续坐果能力强。耐热，耐湿，抗青枯病、病毒病能力强。适于南方秋冬季和北方露地越夏栽培。

6. 甜阿宝（图 3-34）

该品种由江西正邦种业有限公司选育。属方正灯笼形圆椒，早中熟，果长为 12cm，横径为 11cm，肉厚为 0.5cm，4 心室，皮色翠绿，单果重约为 250g，肉厚、味甜，果型保持度高，抗病性强，适应性好，适合保护地及露地高产栽培。

图 3-33　美洲甜冠 2 号

图 3-34　甜阿宝

7. 正甜（图 3-35）

该品种由江西正邦种业有限公司选育。早熟，方形灯笼椒，果皮嫩绿色，果长为 11～12cm，果宽约为 11cm，单果重为 250g 左右，植株长势强，膨果速度快，果面光滑，光泽度好，果形整齐，果肉厚且硬，耐储运，品质佳。抗逆性强，高抗病，连续坐果能力强，产量高，适合保护地及露地栽培。

8. 绿星 1 号（图 3-36）

绿星 1 号为中早熟品种，方正灯笼形，果实翠绿色，果形保持度高，4 心室，单果重为 220g 左右。生长势强，坐果性好，高抗烟草花叶病毒和黄瓜花叶病毒，抗青枯病，耐疫病，适宜南方露地及北方春秋冷棚栽培。

图 3-35　正甜

图 3-36　绿星 1 号

9. 新福椒 4 号（图 3-37）

新福椒 4 号是由安徽福斯特种苗有限公司选育的杂交一代辣椒新品种。极早熟，果实长灯笼形，果色浅绿，果长为 16 ~ 19cm，果径为 4.5 ~ 5.5cm，味微辣，口感香脆，品质极佳。株型紧凑，生长势强，株高为 55 ~ 60cm，始花节位第 7 ~ 9 节，开展度为 50cm。坐果率高，连续坐果能力强，果实膨大速度快。耐低温，抗高温。

10. 太空椒霸 F1（图 3-38）

该品种由北京现代农夫种苗科技有限公司选育。高抗疫病，中

图 3-37　新福椒 4 号

图 3-38　太空椒霸 F1

早熟，果形方正，4心室率高，单果重为260～400g，最大者可达500g，肉厚为0.8cm左右，耐储运，商品性好，坐果率高，连续结果能力强，丰产性突出。

11. 中科椒105（图3-39）

该品种由中国农业科学院蔬菜花卉研究所选育。中早熟，果实灯笼形，3～4心室，果色浅绿，生长势强，连续坐果率高。果实纵径为10cm、横径为7cm左右，单果重为100～120g。果面光滑，品质优良，耐储运。植株抗逆性强，抗病毒病，不易得日灼病。主要适于露地早熟栽培，也可在保护地栽培。

12. 绿天使（图3-40）

绿天使的果实灯笼形，果色翠绿，果面光滑，系早熟杂交一代甜椒新品种。果大肉厚，肉厚为0.6cm左右，单果重为300g左右。连续坐果能力强，高产，抗病性强，耐病毒病、疫病，一般亩产5000kg左右。适合露地及保护地栽培。

图3-39 中科椒105

图3-40 绿天使

13. 绿色椒王（图3-41）

绿色椒王是由太原市农业科学研究所选育的杂交一代甜椒品种。果实方灯笼形，果形指数为1.0，果肉厚为1.0cm左右，中晚熟，从定植到始收需62天左右。4心室，皮色深绿，味微甜。平均单果重为200g，较耐储运。株高为65～70cm，始花节位第9～11节，植株生长势较强，株型紧凑。

14. 红水晶（图3-42）

该品种由北京北农西甜瓜育种中心选育。果实方灯笼形，嫩果绿色，成熟果鲜红色，果长约为10cm，果径约为10cm，果肉厚为0.7cm，平均单果重为200g以上，个大，口感好，抗病性强，亩产5000kg以上。从定植到初始采收需100~120天。

图3-41　绿色椒王

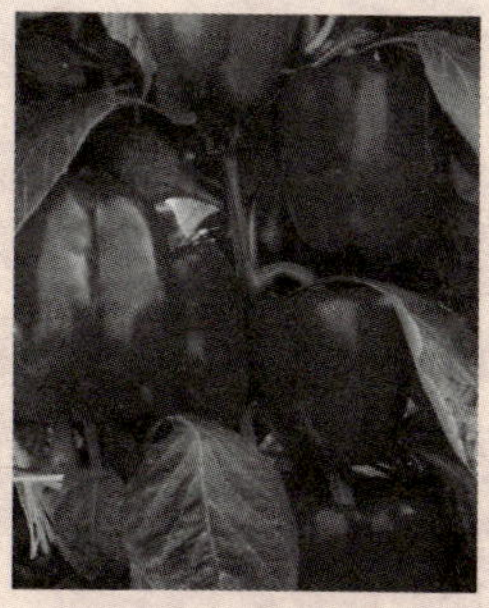

图3-42　红水晶

15. 黄玛瑙（图3-43）

该品种由北京北农西甜瓜育种中心选育。果实方灯笼形，嫩果绿色，成熟果金黄色，果形指数为1.0，果肉厚为0.7cm，平均单果重为200g以上，个大，口感好，抗病性强，亩产5000kg以上。从定植到初始采收需100~120天。

16. 橙水晶（图3-44）

该品种由北京北农西甜瓜育种中心选育。果实方灯笼形，嫩果

图3-43　黄玛瑙

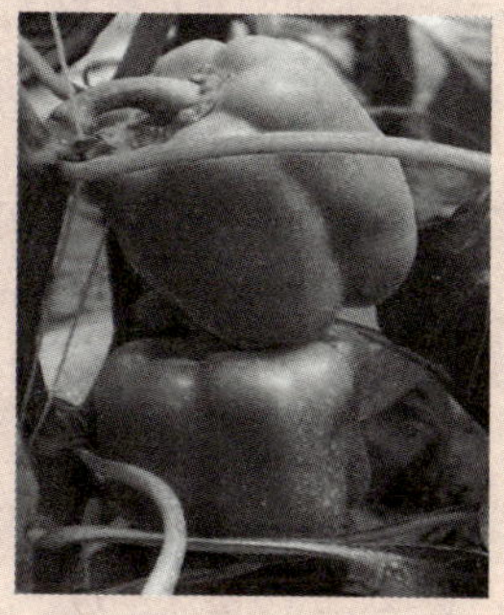

图3-44　橙水晶

绿色，成熟果橙黄色，果形指数为1.0，果肉厚为0.7cm，平均单果重为200g以上，个大，口感甜脆，果面光亮，抗病性好，品质优。亩产5000kg以上，从定植到初始采收需100~120天。

17. 紫晶（图3-45）

该品种由北京北农西甜瓜育种中心选育。嫩果深紫色，老熟后转为红色，果肉厚为0.5~0.7cm，果实方灯笼形，长、粗各为10cm，果形指数为1.0，口感甜脆，抗病性好，亩产5000kg。

18. 白玉（图3-46）

该品种由北京北农西甜瓜育种中心选育。果色由奶白色变为浅黄色，老熟后转为红色，果肉厚为0.5~0.7cm，果实方灯笼形，长、粗各为10cm，果形指数为1.0，口感甜脆，抗病性好，亩产5000kg，适合露地及保护地栽培。

图3-45　紫晶

图3-46　白玉

19. 紫贵人（图3-47）

该品种从荷兰引进。果实灯笼形，3~4心室，果面有光泽，果皮紫色，中早熟。果长为9cm左右，果肩宽为8cm左右，果肉厚为0.4~0.5cm，平均单果重为130g，连续坐果能力强，品质优良，适应性广。高抗烟草花叶病毒，抗枯萎病、青枯病、炭疽病、灰霉病、疫病能力较强。

20. 黄欧宝（图3-48）

该品种从荷兰引进。果实方灯笼形，以4心室为主，果面光亮、有光泽，青果果皮绿色，老熟后转为黄色，果肉中等厚，品质优良。

果长为9.5cm左右，果肩宽为9cm左右，果肉厚约为0.5cm，平均单果重为150g。植株生长势强，株型紧凑，适应性强，高抗烟草花叶病毒，抗枯萎病、青枯病、炭疽病、灰霉病、疫病能力较强。

图3-47　紫贵人

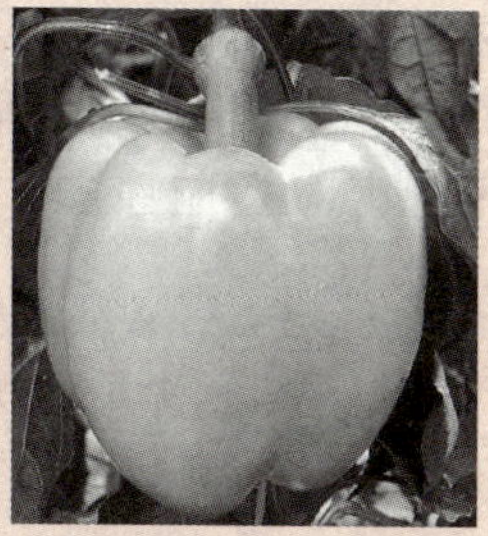

图3-48　黄欧宝

21. 红苏珊（图3-49）

红苏珊是由荷兰引进的杂交一代红果品种。青果绿色，成熟时由绿色转为鲜红色，方形果，肉厚，单果重为150~200g，品质优，早熟，耐寒。植株生长中度旺盛，茎粗，节间短，容易坐果，产果期长。适宜春秋栽培。

22. 桔西亚（图3-50）

桔西亚是由荷兰引进的杂交一代橙色品种。青果绿色，成熟时由绿色转为橙色，灯笼形果，果肉中等厚，单果重为200g左右。早熟，适宜春秋栽培。植株生长旺盛，茎粗壮，节间稍长，挂果期长，适应性广，抗病性强。

图3-49　红苏珊

图3-50　桔西亚

23. 白公主（图3-51）

白公主是由荷兰引进的杂交一代白色果品种。幼果浅绿色，商品果蜡白色，成熟时转为亮黄色。单果重为150g左右，果实灯笼形。植株生长中度旺盛，早熟，适宜春秋栽培，适应性广，品质优良。

图3-51 白公主

三 簇生椒类优良品种

1. 三樱椒（图3-52）

该品种由日本引进，植株矮小，极晚熟，干果鲜红色，味极辣，辣椒素含量0.8%左右，辣红素含量3%左右。果实朝天簇生，细指形，果皮光滑油亮无皱缩。果长为5cm左右，果肩横径为1cm左右，单果干重为0.4g左右，果顶尖而弯曲，似鹰嘴状。株型紧凑，株高为50～65cm，开展度为40～50cm，属有限分枝型。较耐干旱，不耐水渍，较耐瘠薄，易感染病毒病。

2. 天宇3号（图3-53）

该品种由韩国引进，杂交一代，中晚熟品种，有6～7个果簇生，果实朝天；果长为5～6cm，果径为1.0cm，味道辛辣鲜美；植株高大，分枝性强，坐果力强；熟性一致，有利于集中采收；抗病毒病，枯萎病；果实宜干制，不皱皮，果形美观。

图3-52 三樱椒

图3-53 天宇3号

3. 天鹰1号（图3-54）

该品种由韩国引进，早熟品种，属单生或互生（对生）朝天椒，果色深红，辣味浓，果实顺直，色泽美观，果长为5~7cm，果横径为0.8~1.0cm，鲜果单果重为3g。生长旺盛，植株高大整齐，较耐干旱和抗病性强，坐果集中，连续坐果能力强，干、鲜两用，干制后不皱皮。产量高，为露地栽培专用品种。

4. 朝天148（图3-55）

该品种由重庆市农科所培育。果实圆锥形，辛辣，青果深绿色，熟果大红色。果实纵径为5.0cm，横径为2.6cm，单果重为5g，单株挂果85个。抗炭疽病，果实硬度好，适于泡制、干制。

图3-54 天鹰1号

图3-55 朝天148

5. 辛红2号（图3-56）

该品种由重庆市农科所培育。中晚熟品种，小果尖椒，青果绿色，熟果大红色，辛辣型。果实纵径为5.5cm，横径为1.4cm，单果重为3.1g，单株挂果约128个。生长势强，株型较紧凑，始花节位第13节左右，抗病毒病、炭疽病，耐热，抗倒伏。适合泡制、酱制、干制。

6. 一爪红（图3-57）

该品种由重庆市农科所培育。果实小，尖椒，簇生，5~10个果一簇，青果绿色，熟果大红色，极辛辣型。果实纵径为5.6cm，横径为0.75cm，单果重为2.7g。单株挂果169个，生长势强，始花节位第18节左右，中晚熟品种，侧枝抽生能力强。抗病毒病、炭疽病，耐热，抗倒伏。适于泡制、干制及深加工提取辣椒素。

图 3-56 辛红 2 号

图 3-57 一爪红

7. 散生子弹头（图 3-58）

果实短指形，朝天散生，属无限分枝型，比三樱椒短粗，一般果长为 4.5cm 左右，果粗（果肩横径）为 1.2cm 左右，单果干重为 0.6g 左右。深红色，果皮厚，椒籽多，辣度高，香味浓。干椒果皮辣椒素含量为 1% 左右，辣红素含量为 3.5% 左右。生长势强，耐肥，抗倒伏，抗病高产。适应性广，为全国主栽品种。

8. 七星椒（图 3-59）

七星椒为四川地方品种。该辣椒系朝天椒的一个品种，其特点是色泽鲜红、辣香兼有，干椒果实弯曲细长、个小尾尖，外表呈红色、光洁，干湿适度，手捏有弹性而不破碎，摇动有响声，形状、色泽均匀，果面清洁，是制作川菜不可缺少之良材。

图 3-58 散生子弹头

图 3-59 七星椒

第四章
辣椒棚室栽培设施的设计与建造

辣椒保护地栽培的常用设施有小拱棚、塑料大棚和日光温室。本章以昌乐和寿光常用棚室栽培设施为例，分别介绍不同棚室的设计与建造方法。

一 小拱棚的设计与建造

小拱棚的跨度一般为1～3m，高0.5～1m。其结构简单，造价低，一般多用轻型材料建成。骨架可由细竹竿、毛竹片、荆条、直径6～8mm的钢筋等材料弯曲而成。

小拱棚的主要类型包括拱圆小棚、拱圆棚加风障、半墙拱圆棚和单斜面棚四类（图4-1）。生产上应用较多的是拱圆小棚。

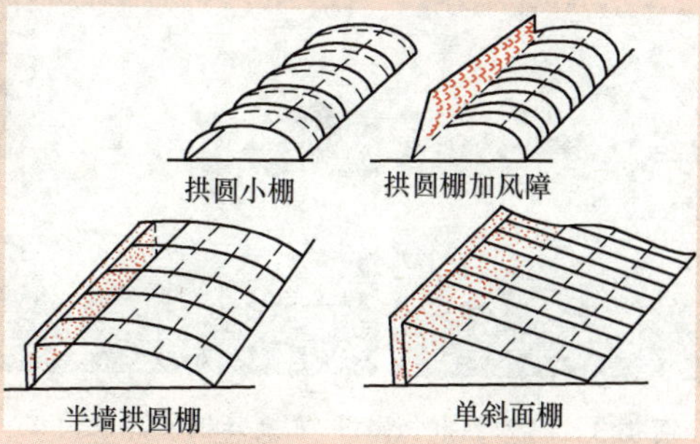

图4-1　小拱棚的类型

辣椒栽培小拱棚棚架为半圆形，高度0.8～1m，宽1.2～1.5m，长度因地而定。地面覆盖地膜，骨架用细竹竿按棚的宽度将两头插入地下形成圆拱，拱杆间距30cm左右。全部拱杆插完后，绑3～4道横拉杆，使骨架成为一个牢固的整体（图4-2）。覆盖薄膜后可在棚顶中央留一条放风口，采用扒缝放风。为了加强防寒保温，棚的北面可加设风障，棚面上于夜间再加盖草苫。

图4-2 搭建小拱棚

二 塑料大棚的设计与建造

辣椒生产用塑料大棚主要包括竹木结构大棚和热镀锌钢管拱架大棚（图4-3）。

图4-3 竹木结构大棚和热镀锌钢管拱架大棚

1. 塑料大棚的类型

塑料大棚按棚顶形状可以分为拱圆形和屋脊形，我国绝大多数为拱圆形；按骨架结构则可分为竹木结构、水泥预制竹木混合结构、钢架结构、钢竹混合结构等，前两种一般为有立柱大棚；按连接方式又可分为单栋大棚和连栋大棚两种（图4-4）。

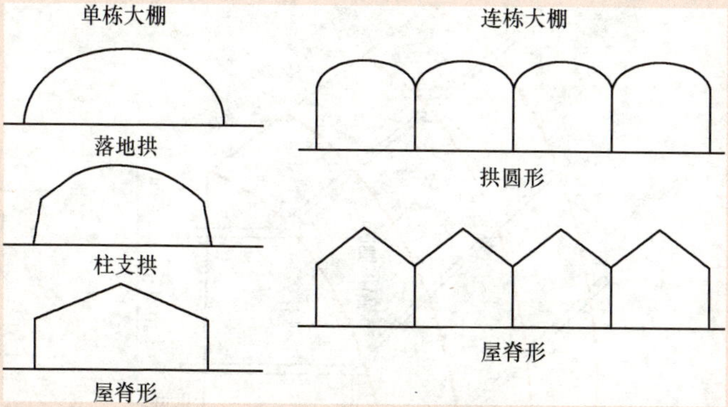

图4-4　塑料大棚的类型

2. 塑料大棚的结构

大棚结构的设计、选择和建造，应把握以下三个方面：

1）棚型结构合理，造价低；结构简单，易建造，便于栽培和管理。

2）跨度与高度要适当。大棚的跨度主要由建棚材料和高度决定，一般为8～12m。大棚的高度（棚顶高）与跨度的比例应不小于0.25。竹木结构和钢架结构拱圆大棚结构，如图4-5、图4-6、图4-7所示。

【提示】 实际生产中塑料大棚的跨度和长度应根据当地生产习惯和管理经验具体确定，如昌乐和寿光的竹木结构塑料大棚跨度和长度分别可达16m和300m以上。双连栋大棚跨度可在20m以上。

3）设计适宜的跨拱比。性能较好棚型的跨拱比为8～10［跨拱比=跨度/(顶高－肩高)］。以跨度12m为例，适宜顶高为3m，肩高不低于1.5m，不高于1.8m。

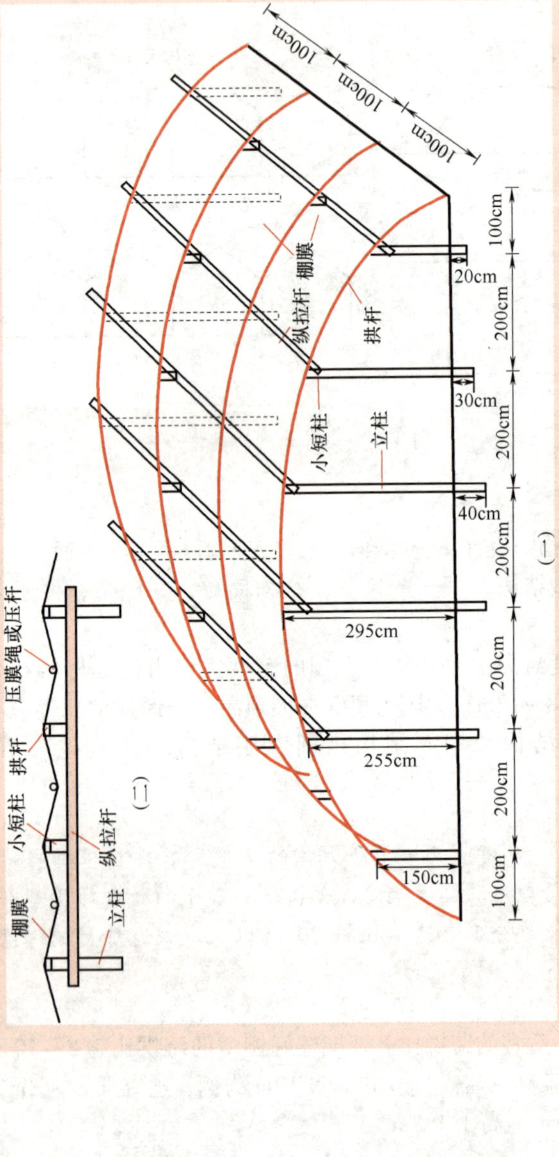

图 4-5　竹木结构拱圆形大棚

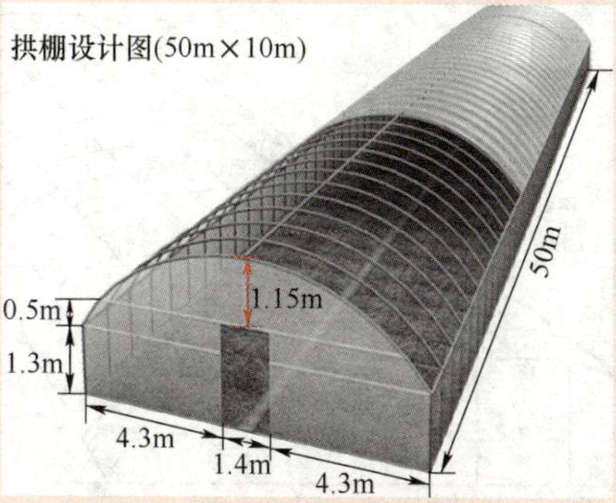

图 4-6　钢架拱圆形大棚结构示意图

3. 塑料大棚的建造

（1）竹木结构塑料大棚　竹木结构大棚主要由立柱、拱杆（拱架）、拉杆、压膜绳等部件组成，俗称“三杆一柱”。此外，还有棚膜和地锚等。

图 4-7　寿光典型辣椒塑料大棚

1）立柱。立柱起支撑拱杆和棚面的作用，呈纵横直线排列。纵向与拱杆间距一致，每隔 0.8 ~ 1m 设一根立柱，横向每隔 2m 左右设一根立柱。立柱直径为 5 ~ 8cm，高度一般为 2.4 ~ 2.8m，中间最高，向两侧逐渐变矮成自然拱形（图 4-8、图 4-9）。

2）拱杆。拱杆是塑料大棚的骨架，决定大棚形状和空间构成，并起支撑棚膜的作用。拱杆可用直径 3 ~ 4cm 的竹竿按照大棚跨度要求连接构成。拱杆两端插入地下或捆绑于两端立柱之上。拱杆其余部分横向固定于立柱顶端，呈拱形（图 4-10）。

3）拉杆。拉杆起纵向连接拱杆和立柱、固定压杆的作用，使大棚骨架成为一个整体。拉杆一般为直径 3 ~ 4cm 的竹竿，长度与棚体长度一致（图 4-11）。

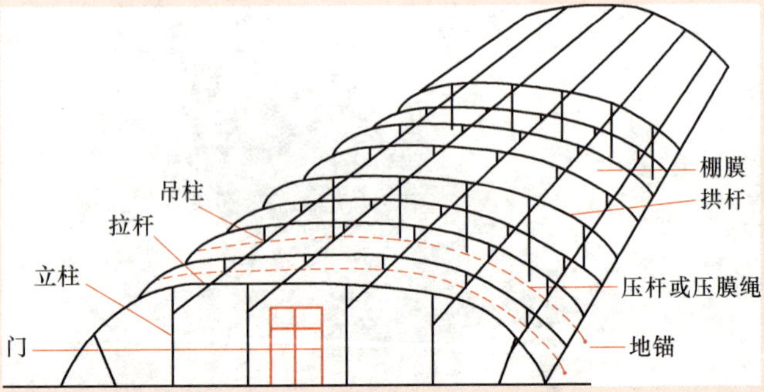

图 4-8　竹木结构大棚示意图

图 4-9　立柱安排实例

图 4-10　拱杆实例图

图 4-11　拉杆实例图

4）压杆。压杆位于棚膜上两根拱架中间，起压平、压实、绷紧棚膜的作用。压杆两端用铁丝与地锚相连，固定于大棚两侧土壤。压杆以细竹竿为材料，也可以用 8 号铁丝或尼龙绳（ϕ3～4mm）代替，拉紧后两端固定于事先埋好的地锚上（图 4-12）。

图 4-12　压杆、压膜铁丝和地锚

5）棚膜。棚膜可以选用 0.10～0.12mm 厚的聚氯乙烯（PVC）薄膜、聚乙烯（PE）薄膜及 0.08mm 厚的醋酸乙烯（EVA）薄膜、聚烯烃薄膜（PO 膜）等。棚膜宽幅不足时，可用电熨斗加热粘连。若大棚宽度小于 10m，可采用“三大块两条缝”的扣膜方法，即三块棚膜相互搭接（重叠处宽大于 20cm，棚膜边缘烙成筒状，内可穿绳），两处接缝位于棚两侧距地面约 1m 处，可作为放风口扒缝放风。如果大棚宽度大于 10m，则需采用“四大块三条缝”的扣膜方法，除两侧封口外顶部一般也需要设通风口（图 4-13）。

图 4-13　简易大棚两侧和顶部通风口

两端棚膜的固定可直接在棚两端拱杆处垂直将薄膜埋于地下，中间部分用细竹竿固定。中间棚膜用压杆或压膜绳固定（图 4-14）。

图 4-14　两端及中间棚膜的固定

6）大棚建造时可在两端中间两立柱之间安装两个简易推拉门。当外界气温低时，在门外另附两块薄膜相搭连，以防门缝隙进风（图 4-15）。

图 4-15　两端开门及外附防风薄膜

【提示】 大棚扣塑料薄膜应选择无风晴天上午进行。先扣两侧下部膜，拉紧、理平，然后将顶膜压在下部膜上，重叠20cm以上，以便雨后顺水。

寿光、昌乐等地蔬菜生产中采用的上述简易竹木结构塑料大棚，具有造价便宜、易学易建、技术成熟、便于操作管理等优点，因而得到了广泛推广和应用。因此，农民朋友在选择大棚设施时不可盲目追求高档，而应就地采用价廉耐用材料，以降低成本，增加产出。

（2）钢架结构塑料大棚 钢架结构塑料大棚的骨架是用钢筋或钢管焊接而成的。其拱架结构一般可分为单梁拱架、双梁平面拱架和三角形拱架三种，前两种在生产中较为常见。单梁拱架一般以 ϕ12～18mm 圆钢或金属管材为材料；双梁平面拱架由上弦、下弦及中间的腹杆连成桁架结构；三角形拱架则由三根钢筋和腹杆连成桁架结构（图4-16、图4-17）。

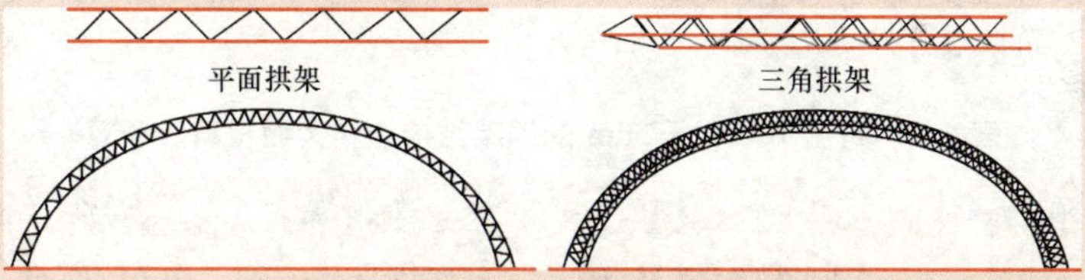

图4-16 钢架单栋大棚桁架结构示意图

图4-17 钢架大棚桁架结构

通常大棚跨度为10～12m，脊高2.5～3.0m。每隔1.0～1.2m埋设一拱形桁架，桁架上弦用 ϕ14～16mm 钢管、下弦用 ϕ12～14mm

钢筋、中间用 ϕ10mm 或 ϕ8mm 钢筋作腹杆连接。拱架纵向每隔 2m 以 ϕ12～14mm 钢筋拉杆相连，拉杆焊接于平面桁架下弦，将拱架连为一体（图 4-18）。

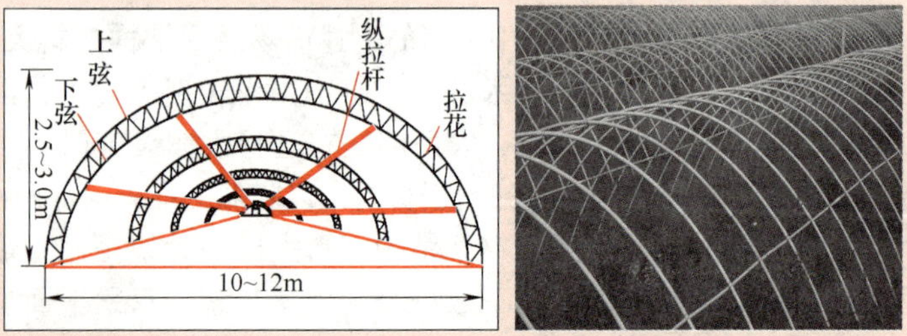

图 4-18　钢梁桁架无立柱大棚

钢架结构大棚采用压膜卡槽和卡膜弹簧固定薄膜，两侧扒缝通风。其具有中间无立柱、透光性好、空间大、坚固耐用等优点，但一次性投资较大。跨度 10m、长 50m 的钢架结构塑料大棚材料及预算，见表 4-1。

表 4-1　跨度 10m、长 50m 的钢架结构塑料大棚材料及预算

项　目	材　料	数　量	总价/元
拱架	32mm 热镀锌无缝钢管	1822.3kg	10022.6
横向拉杆	32mm 热镀锌无缝钢管	692kg	3806
水泥固定座		3.69m^3	1107
薄膜	无滴膜	700m^2	2100
推拉门		2 个	500
压膜绳		4 股 320 丝塑料绳或直径 4mm、每千克长度约 74m 规格的塑料绳	540
卡槽		180m	500
卡子		200 个	100
合计			18975.6

三 日光温室的设计与建造

目前北方辣椒生产用日光温室多以寿光V型日光温室（图4-19）为范本建造，其结构主要由后墙和山墙、后屋面、前屋面和保温覆盖物四部分组成。温室应坐北朝南东西向延长，方位角南偏西5°~10°。根据温室拱架和墙体结构不同一般可分为土墙竹木结构温室和钢拱架结构温室。

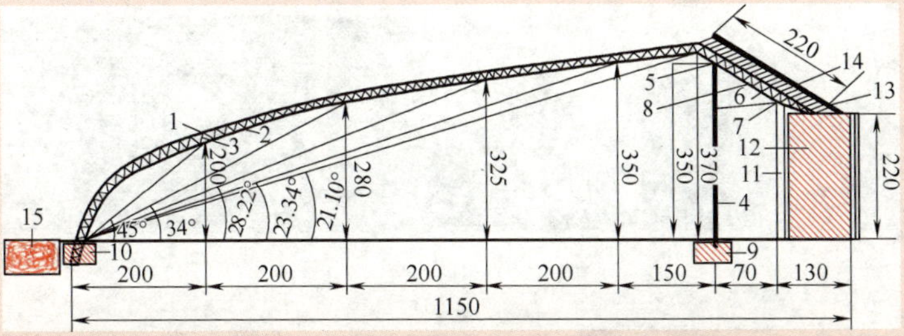

图4-19 寿光V型塑料日光温室示意图（单位：cm）

1—拱梁上弦钢管 2—拱梁下弦钢筋 3—拱梁拉花钢筋（中间拉花） 4—镀锌钢管后立柱 5—钢管横梁 6—后坡铁架东、西拉三角铁 7—后坡铁架连接后立柱的三角铁板 8—后坡铁架坡向三角铁板 9—固定后立柱的水泥石墩 10—固定立拱梁的水泥石墩 11—后墙砖皮泥皮 12—后墙心土 13—后坡水泥预制板 14—后坡保温层 15—防寒沟

1. 土墙竹木结构温室

该型温室是目前我国北方生产应用最广泛的温室，不仅造价低廉，而且土建墙体蓄热和保温效果良好，栽培效果较佳。典型的寿光竹木结构土建温室如图4-20所示。

图4-20 寿光竹木土建温室

（1）墙体 确定好建造地块后，用挖掘机就地挖土，堆成温室后墙和山墙，后墙底部宽度应在3m以上，顶部超过2m。堆土过程中用推土机或挖掘机将墙体碾实，碾实后墙体高度根据跨度不同一般为3.5～4.0m。墙体堆好后，用挖掘机将墙体内侧切削平整，并将表土回填。同时在一侧山墙开挖通道（图4-21）。另外，还应注意前、后温室间距合理，以免冬至日前排温室对后排温室遮阳，合理的温室间距一般为前排温室脊高与保温被高度和的2倍。

图4-21 墙体与通道

【提示】 挖土堆墙以前，可先将20cm表土（属熟土）挖出置于温室南侧，待墙体建成后回填，有助于蔬菜栽培。并应注意前后温室之间间距，冬季前温室不能遮挡后温室蔬菜，间距以前温室高度（含草苫）的2倍为宜。

（2）后屋面 在后墙上方建造后屋面，后屋面内侧长度一般为1.5m左右，与水平角度为38°～45°。在北纬32°～43°地区，纬度越低后屋面角度可适当加大，反之角度减小。紧贴后墙埋设水泥立柱，用水泥立柱顶住后屋面椽头，之间以铁丝绑扎（图4-22）。

图4-22 后屋面立柱

【提示】 后屋面高度数值与跨度相关，一般跨度与高度比约以2.2为宜。

（3）前屋面　竹木土建温室的跨度一般为 10 ~ 12m，根据跨度大小前屋面埋设 3 ~4 排水泥立柱，立柱间隔为 4m 左右，立柱顶端与竹竿相连，起支撑棚面的作用。同时，在竹拱杆的上方每隔 20cm 东西向拉 8 号铁丝锚定于两侧山墙。拉东西铁丝的主要作用是使棚面更加平整，同时便于棚上除雪等农事操作（图 4-23）。

图 4-23　温室前屋面

【注意】　前屋面角度是指温室前屋面底部与地面夹角，在一定范围内，增大前屋面角可增加温室透光率。一般而言，北纬 32° ~43°地区前屋面角（屋脊至透明屋面与地面交角处的连线）应为 20.5° ~31.5°。前屋面底角地面处的切线角度应为 60° ~68°。

此外，日光温室建设中还应考虑适宜的前后坡比和保温比。前后坡比是指前坡和后坡垂直投影宽度的比例，一般以 4.5∶1 为宜。保温比为温室内土地面积与前屋面面积之比，一般以 1∶1 为宜，保温比越大，保温效果越好。

（4）薄膜、保温被与放风口　温室透明覆盖材料多采用保温、防雾滴、防尘、抗老化和透光衰减慢的乙烯—醋酸乙烯多功能复合膜（EVA 膜）或聚烯烃薄膜（PO 膜）；近年来，不透明保温材料由草苫等向保温性能更好的针刺毡保温被或发泡聚乙烯保温被等方向发展（图 4-24）。

温室顶部留放风口。风口设置可通过后屋面前窄幅薄膜与前屋面大幅薄膜搭连，两幅薄膜搭连边缘穿绳，由滑轮吊绳开关风口（图 4-25）。

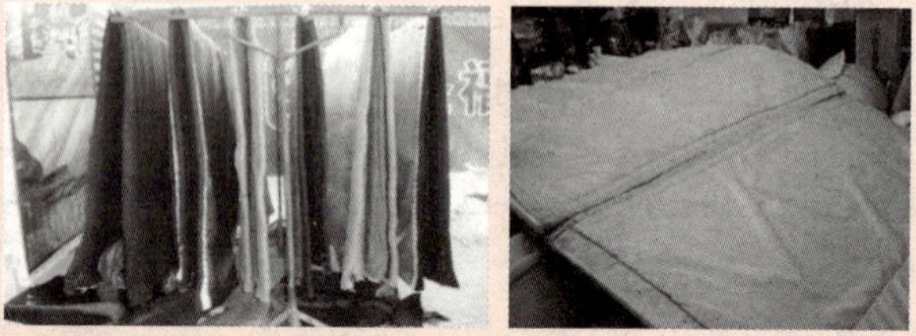

图 4-24　普通保温被和发泡塑料保温被

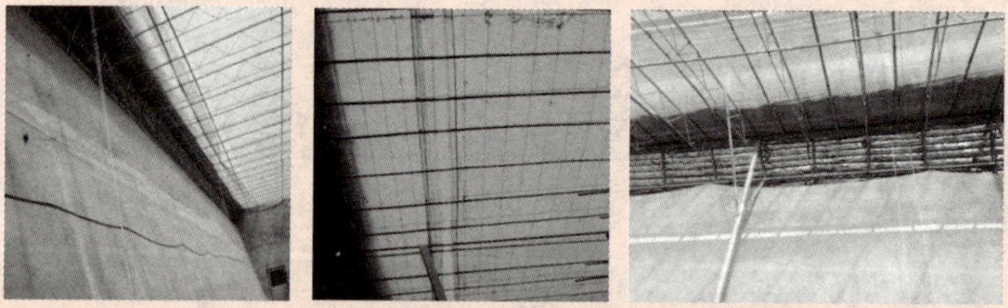

图 4-25　放风口

（5）电动卷帘机　电动卷帘机因结构简单耐用，价格适中，可以大大降低劳动强度等优点而受到种植户的欢迎。寿光应用较多的折臂式卷帘机主要包括支架、卷臂、机头等部件（图 4-26）。

图 4-26　电动卷帘机

（6）其他辅助设施 温室的辅助设施主要包括山墙外缓冲间、温室沼气设备和光伏太阳能设备等。为防止冷风直接进入通道，也有利于存放生产资料，可以在一侧山墙外建缓冲间（图4-27）。

图4-27 缓冲杂物间

为充分利用秸秆等蔬菜垃圾，积极发展循环农业，有条件的地区可在温室内设置沼气设备。沼液、沼渣可作为有机肥还田，沼气可作为沼气灯燃料用于蔬菜补光。高档沼气设备如图4-28所示，普通温室用沼气罐和沼气灯如图4-29所示。

图4-28 温室沼气设备

图4-29 普通温室用沼气罐和沼气灯

此外，棚室蔬菜滴灌技术、二氧化碳施肥技术等新技术在部分地区得到了推广应用。二氧化碳发生器如图 4-30 所示。

在规模化经营的现代农业公司提倡应用光伏能源转化发电，产生的清洁能源可广泛应用于温室蔬菜补光、加温等（图 4-31）。

图 4-30　二氧化碳发生器

图 4-31　温室光伏太阳能设备

【提示】 对于温室栽培新技术的引进和应用，务必坚持先引进示范然后再行推广的原则，不可盲目迷信新兴技术，以免达不到预期效果，造成生产投入的浪费。

2. 钢拱架结构温室

该型温室具有双弦钢管或钢筋拱架，双层砖砌墙体，这种墙体可以克服土建温室内侧土墙因湿度大易发生倒塌以及外墙易遭雨水冲刷等缺点，因而坚固耐用。其缺点是造价较高，因而不提倡一般个体种植业者采用。

同时，钢拱架由于曲度和支撑力均远高于竹竿，因此这种温室在保证前屋面更为合理的采光角度的同时，提高了温室前部的高度，温室内南边蔬菜的生长空间得以改善（图 4-32）。

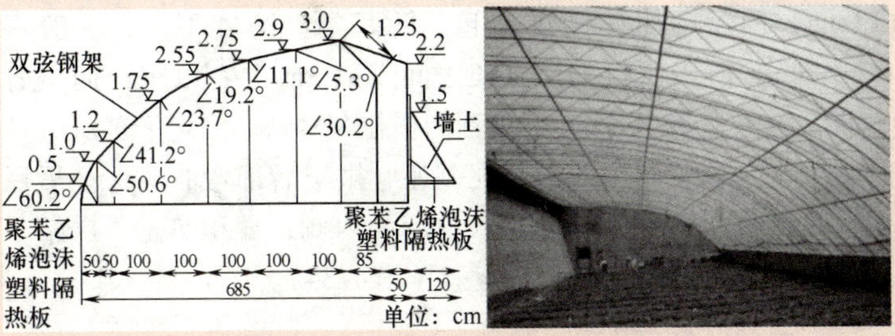

图 4-32　钢拱架结构温室

（1）墙体　墙体建造有两种方法。一种是先砌两层 24cm（一层砖厚 12cm）厚砖墙，墙体间距 1.5m 左右，每隔 2.8m 左右加一道拉接墙将两层砖拉在一起，以防墙体填土撑开。为提高墙体整体承重，还需在墙体下部加设圈梁。在两层墙之间填土或保温材料，墙体顶部以砖砌平，水泥固化，应注意后墙顶部外侧高度应低于放拱架处高度，以免雨水从顶部渗入温室内部。另一种方法是和土建温室一样先堆土墙，然后墙体内墙贴水泥泡沫砖，墙面抹水泥面出光，外墙则以水泥板覆盖，水泥抹缝。为节约成本，外墙体也可用废旧保温被或农膜覆盖（图 4-33）。

图 4-33　温室内、外墙体

【小窍门】>>>>

北方地区温室后墙体和山墙厚度以保持在 2m 以上为宜，如果砖砌墙体厚度小于 1m，则后墙蓄热和保温效果很难满足北方越冬茬茄果类和瓜类蔬菜生产。

（2）拱架 温室采用双弦钢拱架，即将钢管（ϕ32mm）和钢筋（ϕ13mm）用短钢筋连接在一起。根据温室跨度不同，一般每隔1.0～1.5m设置一个拱架。拱架之间每隔3m左右以东西向钢管连接。拱架上方每隔30cm左右东西向横拉8号铁丝锚定于东西山墙。

拱架上部放于后墙顶部水泥基座，拱架后部弯曲要保证后屋面有足够大的仰角，以便于阳光入射屋面内侧，蓄积热量。拱架下端固定于温室前沿砖混结构的基座上（图4-34）。

图4-34　拱架上端和下端固定

（3）后屋面 温室顶部以一道钢管或角铁将拱架顶部焊接在一起，以保证后屋面的坚固性。后屋面建筑材料多为石棉瓦、薄膜、毛毯包被玉米秸等。外面覆盖水泥板，水泥板间预设绑缚压膜绳用的铁环，水泥砂浆抹面，以防进水（图4-35）。

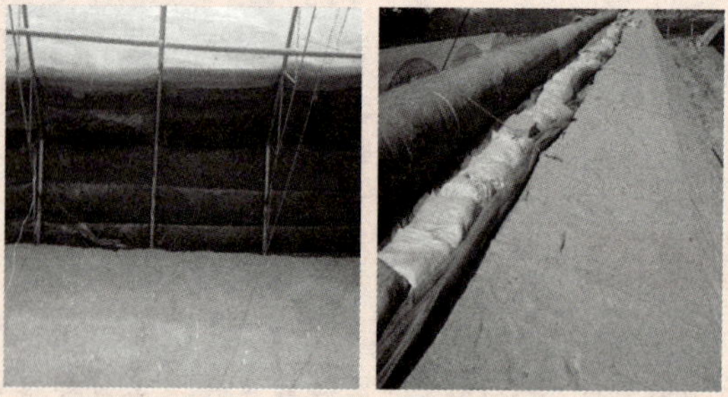

图4-35　后屋面图内、外侧图

（4）其他设施 温室山墙外可设置台阶，以便上、下温室进行生产作业（图4-36）。

图4-36 台阶

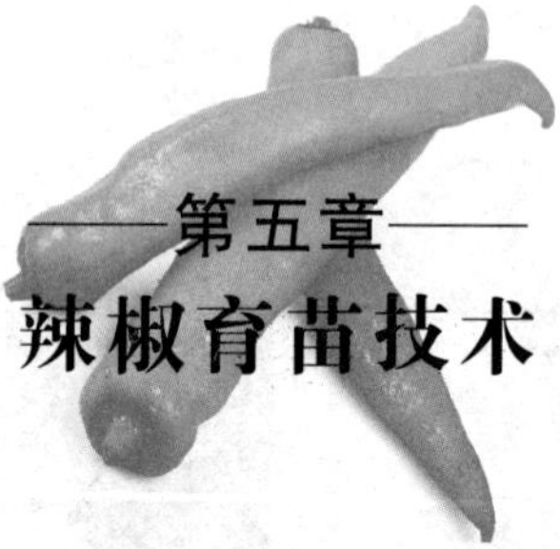

第五章
辣椒育苗技术

棚室蔬菜的育苗技术主要包括常规育苗技术、穴盘基质育苗技术。近年来随着设施蔬菜栽培技术的发展进步，穴盘基质育苗已取代常规育苗成为主流，该技术有效提升了种苗的生产效率，保障了种苗质量和供苗时间，并可节约种量1/2以上。种苗定植后易成活，缓苗快，从而使种苗标准化、集约化、工厂化生产成为可能。以下分别介绍辣椒的常规育苗和穴盘基质育苗技术。

辣椒既可露地越夏栽培也可设施栽培。设施蔬菜因茬口不同需采用的设施和栽培模式显著不同，常见蔬菜作物茬口安排见表5-1。棚室辣椒栽培茬口主要为秋延迟茬、冬春茬、秋冬茬和越夏茬栽培。

表5-1　常见蔬菜作物茬口安排

茬　口	温室、大棚类型	育苗时间	定植时间	适宜蔬菜
秋冬茬	日光温室、单坡面大棚、中拱棚	8月中旬遮阴棚育苗	9月中旬定植，初冬或新年供应市场，2月上中旬拔秧	番茄、黄瓜、西葫芦、花椰菜、韭菜等
越冬茬	日光温室	8月下旬~9月上旬播种育苗	10月中、下旬定植，12月下旬~第二年1月上旬采收，5~6月拔秧	番茄、黄瓜、茄子、辣椒、丝瓜、苦瓜等

（续）

茬　口	温室、大棚类型	育苗时间	定植时间	适宜蔬菜
冬春茬	单坡面大棚、拱圆大棚、部分日光温室、中拱棚	12月中下旬播种育苗	2月下旬~3月上旬定植，4月下旬~5月上旬采收，7月上旬拔秧	厚皮甜瓜、西葫芦、番茄、辣椒、菜豆等
秋延迟茬	阳畦、小拱棚、部分中拱棚	7月中下旬播种育苗	8月中下旬定植，12月上旬拔秧	番茄、辣椒、西葫芦、芹菜、花椰菜等
早春茬	阳畦、小拱棚、部分中拱棚	1月下旬~2月上旬播种育苗	2月下旬~3月上旬定植，6月底拔秧	番茄、黄瓜、茄子、辣椒、西葫芦、菜豆等

第一节　辣椒常规育苗技术

辣椒常规育苗技术主要包括营养土块育苗技术和营养钵育苗技术两类。生产上常用的苗床有冷床（阳畦）、酿热温床、电热温床和火炕温床等。棚室辣椒产区低温季节育苗多在塑料大棚或日光温室中建造酿热温床和电热温床育苗，以电热温床育苗较为常见。本节主要介绍冬春茬辣椒常规育苗技术。

一　冬春茬辣椒常规育苗技术

1. 苗床建造

（1）酿热温床建造　温床因其在地平面位置不同可分为地上温床、地下温床和半地下温床三类，生产上以半地下温床较为常用。先在小拱棚、塑料大棚或日光温室中深挖床坑，床宽1.5~2.0m，床深0.3~0.4m，长度依需而定。床底部应做成南深北浅，中间凸起，呈弧形，以温床不同部位酿热物厚度不同调节整床土温一致（图5-1）。播前10天左右，先在床底均匀垫铺4~5cm厚的碎草或麦秸并踏实，以利隔热和通气，其上每平方米撒生石灰 0.4 ~ 0.5kg 消毒。

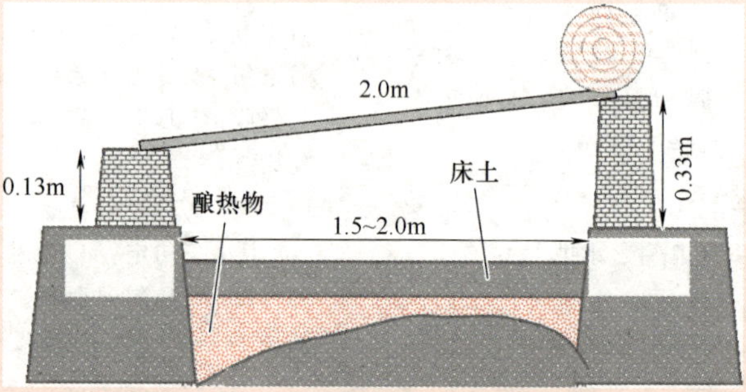

图 5-1　半地下酿热温床示意图

酿热物一般由新鲜马粪、新鲜厩肥或饼肥（60% ~ 70%）和作物秸秆（30% ~ 40%）组成，以人粪尿湿润并搅拌均匀，使其保持含水量 70% 左右，碳氮比以（20 ~ 30）/1 为宜。常见酿热物的碳氮含量及碳氮比见表 5-2。酿热材料在播前 7 ~ 10 天填床，填充厚度30 ~ 35cm。分层填入，每填充 10 ~ 15cm 稍踩紧，保持酿热物疏松适度。填料后及时覆盖塑料薄膜，晚上加盖草苫促酿热物尽快发热。3 ~ 5 天后，当温度升至 35 ~ 40℃ 时，在酿热物上方铺填 2 ~ 3cm 厚的细土，然后将营养钵排放至苗床，并喷透水。如果采用营养土块育苗方法，则覆营养土厚度应为 10cm 左右，浇透水后按照 8cm × 8cm 的规格切块，在缝隙中填入草木灰，避免起苗时营养土块散碎，保护根系完整。据测定，酿热物生热一般可维持 40 多天。

表 5-2　常见酿热物的碳氮含量及碳氮比

种　类	碳（%）	氮（%）	碳氮比	种　类	碳（%）	氮（%）	碳氮比
稻草	42.0	0.60	70.0	米糠	37.0	1.70	21.8
大麦秆	47.0	0.60	78.3	纺织屑	59.2	2.32	25.5
小麦秆	46.5	0.65	71.5	大豆饼	50.0	9.00	5.6
玉米秆	43.3	1.67	25.9	棉籽饼	16.0	5.00	3.2

（续）

种　　类	碳（%）	氮（%）	碳氮比	种　　类	碳（%）	氮（%）	碳氮比
新鲜厩肥	75.6	2.80	27.0	牛粪	18.0	0.84	21.4
速成堆肥	56.0	2.60	21.5	马粪	22.3	1.15	19.4
松落叶	42.0	1.42	29.6	猪粪	34.3	2.12	16.2
栎落叶	49.0	2.00	24.5	羊粪	28.9	2.34	12.4

（2）电热温床　电热温床是指在苗床底部铺设电热线或远红外电热膜，利用其产生热能或发出远红外光线的热效应提高床温的一种温床。近年来，远红外电热膜因其热效率高、节能、操作简单易行等优点在生产上有取代电热线的趋势。

1）电热线或电热膜的选择。辣椒冬春茬电热温床育苗所需电热线功率，北方地区一般为 80～120W/m²，南方地区一般为 60～80W/m²，温室中应用功率略低，塑料大棚中功率略高。表 5-3 中列出了电热温床电热线或电热膜功率的选择参考值。

表 5-3　电热温床电热线或电热膜功率选用参考值　（单位：W/m²）

设定地温/℃	基础地温/℃			
	9～11	12～14	15～16	17～18
18～19	110	95	80	—
20～21	120	105	90	80
22～23	130	115	100	90
24～25	140	125	110	100

根据苗床面积确定电热线功率和电热线长度，按照以下公式计算布线条数和线距。

布线条数 =（电热线长度 - 床宽 ×2）÷ 苗床长度

【注意】　布线的行数应取偶数，以使电热线的两个接头位于苗床的同一端，分别连接温控仪和电源。

线距 = 床宽/（布线条数 +1）

【注意】 布线时，应注意边行线距适当缩小，中间行距适当加宽，全床平均线距不变，以解决苗床边缘温度较低的问题，保障幼苗生长一致。

电热膜可根据所需功率选择相应规格产品，如“广东暖丰科技有限公司”的系列产品等。

2）电热温床的建造。首先在棚室中挖 1.2～1.5m 宽，深 30cm 的床坑，挖出的床土做成四周田埂。坑底铺撒 10～12cm 厚麦秸、稻草或麦糠等作为隔热层。摊平踏实后，隔热层上再铺 3～4cm 厚细土，并踏实刮平。电热线布线时，取长度 10cm 左右的小木棍，按照线距固定于苗床两端，每端木棍数与布线条数相等（图 5-2）。先将电热线固定于苗床一端最靠边的一根木棍上，手拉电热线到另一端绕住 2 根木棍，然后返回绕住 2 根木棍，如此反复，最后将引线留于床外。布线完毕，加装温控仪并接通电源，用电表检查线路是否畅通。之后拔除木棍并在电热线上撒 2～3cm 厚的细土，整平踏实，以埋住并固定电热线。最后再填实营养土，浇水后切块或覆细土后排放营养钵。

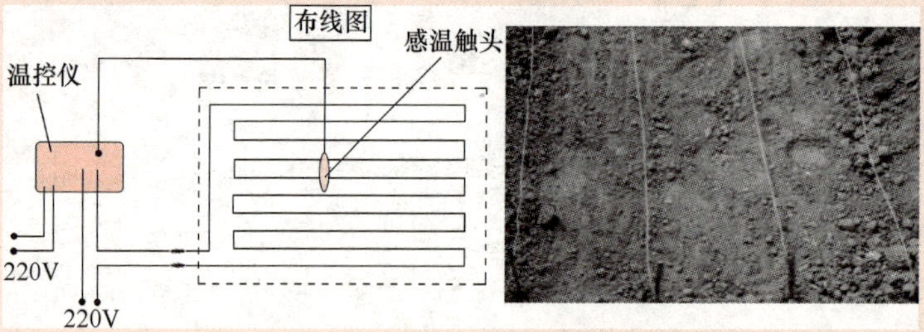

图 5-2 电热线布线图

【注意】 应使电热线贴到踏实刮平的床土上，并拉紧拉直，不得打结、交叉、重叠或靠得过近（线距不少于 1.5cm）；电热线不得加长或截短，需要多根电热线时只能并联，不得串联；苗床进行农事操作时，应先切断电源，并防止线路断路；使用完后，电热线应轻拉轻取，安全储存。

采用远红外电热膜则无须布线环节，隔热层覆细土并踏实刮平后直接在苗床铺设既定功率单面发热电热膜，然后填实营养土，浇水后切块或覆2～3cm厚的细土后排放营养钵。

2. 营养土的配制

不论营养土块还是营养钵育苗均需配制营养土。配制营养土的原料主要为园土（2～3年未种植过茄果类作物的园土，取0～20cm深的表层土）、粪肥、饼肥或草炭、适量化肥等。常见营养土配比有两种：一是园土2/3，腐熟粪肥（或草炭）1/3，每立方米加入氮磷钾复合肥1.5kg或尿素0.2kg、过磷酸钙0.25kg、硫酸钾0.5kg；二是园土5/10，腐熟粪肥3/10，草炭2/10，每立方米加入氮磷钾复合肥1.5kg或磷酸二铵0.5kg、硫酸钾0.5kg。

【注意】 有机肥和过磷酸钙均需打碎过筛后充分拌匀。

营养土配制过程中需进行消毒。常用的消毒方法为每立方米营养土搅拌时掺入50%甲基硫菌灵可湿性粉剂或50%多菌灵可湿性粉剂80～100g。或每立方米营养土搅拌过程中用40%福尔马林200～300mL兑水25～30L，搅匀后均匀喷入土中。塑料薄膜覆盖，闷2～3天后摊开营养土，待药气散尽后使用（图5-3）。

图5-3 育苗用营养土

【注意】 营养土堆制应在使用前1～2个月进行，所用有机肥要充分腐熟方可使用。

3. 营养钵或营养土块制作

辣椒育苗用营养钵多采用软质黑色聚氯乙烯圆台形塑料杯，适宜规格为杯口直径10～12cm，杯高12～14cm。向钵内装土时不要过满，装至距钵沿 2～3cm 即可。将营养钵整齐地摆放于苗床内（图 5-4）。

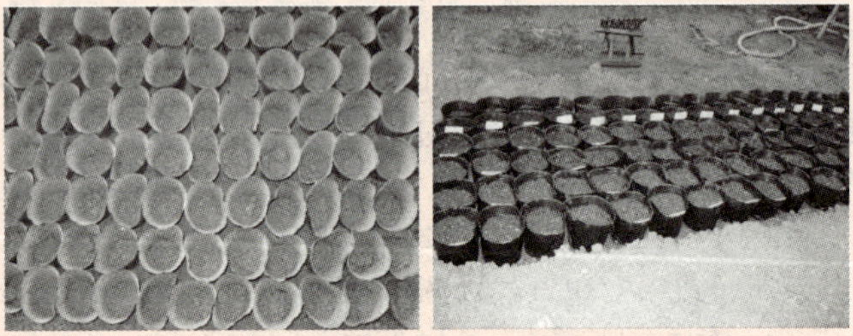

图 5-4　营养钵

营养土块制作方法：在苗床底部撒一薄层河沙或草木灰，然后回填 10cm 左右的营养土层，踏实，耙平，浇透水。水下渗后用薄铁片或菜刀先横后竖划成 10cm×10cm 的方土块，土块间撒少量细沙或草木灰，防土块重新黏结以便后期起苗。

【注意】 营养土块育苗应精细操作，否则起苗时易散坨伤根，缓苗较慢。

4. 种子处理

辣椒播前种子处理主要包括晒种、浸种和消毒、催芽。精选种子后按照以下操作进行种子处理。

（1）晒种 播种前将精选过的种子摊放于木板或纸板上，种子厚度不超过 1cm，在阳光下曝晒 1～2 天，期间每隔 2h 翻动 1 次，使晾晒均匀。

【禁忌】 冰柜或种子库低温保存的种子必须播前晾晒，否则会因种子活力低下导致出苗不齐或不出苗。

（2）温汤浸种 将选好晒过的种子，放入 55℃左右的温水中，水量为种子体积的 5～6 倍。边浸种边搅拌，并维持 55℃水温 15min 左右。水温降至 25～30℃，将种子表面搓洗干净后，在室温下浸种 3～5h。

（3）干热处理 将充分干燥的种子置于 70℃恒温箱内干热处理 72h，可杀死许多病原物，而不降低种子发芽率。尤其对防治病毒病效果较好。

（4）药剂消毒 以下消毒方法可杀灭种子带毒：先用一般温水将种子预浸 4～5h。种子捞出后再浸入 1% 的硫酸铜或 0.1% 的高锰酸钾水溶液中 5min 或浸在 100 倍福尔马林液中 20min。为预防辣椒患病毒病，可将预浸过的种子，再浸入 10% 的磷酸三钠溶液中 20min。将预浸过的种子放入 1000mg/kg 的农用链霉素液中浸 30min，对预防疮痂病、青枯病效果较好。用药剂浸种后，都要用清水将种子冲洗干净，才能催芽或直接播种。否则影响种子发芽。

【注意】 药剂消毒应严格把握消毒时间，结束后立即用清水冲洗数遍。

（5）催芽

1）催芽前浸种。一般常温下浸种以 6～8min 为宜；采用温汤浸种后可减至 2～4h。

2）催芽温度和时间。辣椒催芽温度为 25～30℃，低于 15℃或高于 35℃均不利于发芽，所需时间为 3～5 天。常见蔬菜催芽的温度与时间见表 5-4。

表 5-4 常见蔬菜催芽的温度与时间

蔬菜种类	浸种时间/h	适宜催芽温度/℃	催芽时间/天
番茄	6～8	25～27	2～4
茄子	24～36	30	6～7
辣椒	12～24	25～30	3～5
菜豆	2～4	20～25	2～3
番瓜	6	25～30	2～3
冬瓜	2～4	28～30	6～8

（续）

蔬菜种类	浸种时间/h	适宜催芽温度/℃	催芽时间/天
南瓜	6	25~30	2~3
苦瓜	24	30	6~8
丝瓜	24	25~30	4~5
瓠瓜	24	25~30	4~5
黄瓜	4~6	25~30	1~2

3）催芽方法。把浸种后稍晾干的种子用湿棉（纱）布或湿毛巾包好，放于隔湿塑料薄膜上，上覆保温材料保温。有条件时，也可将湿布包好的种子放于恒温箱内进行催芽。箱内温度设定为28℃，相对湿度保持在90%以上。每4h翻动1次，待70%左右的种子露白（胚根长0.3~0.4mm）即可停止催芽，进行播种。

【注意】 包种子时种子包平放厚度不宜超过3cm。催芽过程中应间隔4~5h翻动种子1次，进行换气，并及时补充水分。

5. 播种

根据定植时间和苗龄确定播期。冬春茬辣椒常规苗苗龄一般为50天左右。夏秋季育苗苗龄一般为30天左右。冬春茬育苗应在温室或拱棚内苗床上添加小拱棚等多层覆盖设施（图5-5）。观察苗床5cm地温16℃以上时即可播种。

图5-5 棚室内加小拱棚

冬春茬播种应选在晴天上午进行，夏秋茬宜选择下午5：00以后或阴天进行，均采用点播方法。冬春茬播种前苗床或营养钵浇透温水（35℃），水下渗后在每个营养钵或营养土块中央播种1粒，播深0.5~1cm，种子平放。播后及时覆盖塑料薄膜保温保湿，种子出土后及时撤膜。

【注意】 冬春茬辣椒播种不宜过深，否则遇低温高湿易烂种。也不宜过浅，过浅则易“戴帽”出土或影响根系下扎。

6. 冬春茬辣椒苗床管理技术

（1）温度管理 冬春茬辣椒苗床各阶段温度管理见表5-5。

表5-5 冬春茬辣椒苗床各阶段温度管理

生育时期	白天气温/℃	夜间气温/℃	其他
播种到子叶出土	28～30	>16	苗床要密闭，白天充分见光，晚上覆盖草苫等保温
70%～80%子叶出土到第一片真叶出现	20～25	15～18	适当降温，防止下胚轴旺长，形成高脚苗
第一片真叶展开后	25～28	15～18	促形成壮苗
定植前7～10天	18～22	12～16	保护地定植应轻炼苗，露地栽培应重炼

（2）湿度管理 辣椒苗床管理应严格控制水分。播种前浇透水，出苗前一般不浇水，以防种苗徒长或低温沤根。从出苗至真叶展开后，应结合苗床墒情及时增加浇水量。浇水宜在晴天上午进行，水温30℃左右。

【注意】 用塑料营养钵育苗的，浇水应坚持少量多次的原则；用营养土块育苗的，应尽量较少浇水。

（3）光照管理 冬春茬辣椒育苗床多处于低温弱光环境，管理不善导致苗子细弱，易徒长，因此应采取措施尽量增加苗床透光率。第一，要经常保持棚膜清洁，增加幼苗见光度。第二，在保证发育所需温度的基础上，草苫尽量早揭晚盖，延长见光时间。第三，采用无滴膜覆盖，及时通风排湿，防止棚内结露、滴水。第四，久阴乍晴，幼苗易发生脱水萎蔫，应采用晒花苫或草苫时盖时揭的方法，待幼苗恢复正常再揭全苫。

(4) 病虫害防治 辣椒苗期主要侵染性病害有猝倒病、立枯病、病毒病等以及冷害、沤根等生理性病害，应通过降低棚室和苗床湿度及采用化学药剂防治，打药宜在晴天上午进行。主要虫害有蚜虫、白粉虱、蓟马和美洲斑潜蝇等，应及时采用化学药剂防治。具体方法参考第十章辣椒病虫害诊断及防治技术。

(5) 定植前炼苗 辣椒幼苗定植需进行降温、控水处理，以增加幼苗抗逆能力和适应性。具体方法是定植前 5 ~ 7 天，选晴暖天气浇透水 1 次。然后通过加强通风降温排湿，使苗床昼间温度控制在 20 ~ 22℃，天气晴暖时，夜间可将不透明覆盖物揭开，苗床两端或两侧通风降温，使夜间温度控制在 18 ~ 20℃。之后随气温上升，苗床夜间温度稳定在 18℃以上时，可将塑料薄膜全部揭开。炼苗期间应注意刮风、下雨、倒春寒等天气变化，及时加盖覆盖物，严防苗床淋雨或遭受冷害。

【注意】 辣椒幼苗若定植于棚室内，且幼苗健壮、适应性强，则炼苗强度应酌情降低或不炼苗。

(6) 壮苗标准 苗好坏直接影响产量的高低，辣椒适龄壮苗的生理苗龄春季育苗为 50 ~ 70 天，早熟品种具有 6 ~ 8 片真叶，中熟和中晚熟品种具有 8 ~ 10 片真叶；夏季育苗苗龄只需 25 ~ 35 天，具有 5 ~ 7 片叶。壮苗的外部形态标准：植株挺拔健壮，苗高 15 ~ 20cm，叶片舒展，叶色绿，有光泽；茎粗 0.4 ~ 0.5cm，节间较短；第一花序现蕾；根系发达；无病虫症状。

(7) 育苗过程常见问题 冬春茬辣椒育苗过程中气温较低，光照时间短，气候变化剧烈，常伴有倒春寒发生，均不利于幼苗生长发育。辣椒育苗中常见的问题及解决方法，见表 5-6。

表 5-6　辣椒育苗中常见的问题及解决方法

序号	问题	症　状	原　因	解决方法
1	不出苗	幼芽腐烂或干枯、烧苗	施用未腐熟有机肥或过量化肥、农药导致烂芽；播种过深；土温低于 15℃，湿度过大；苗床过干致幼芽干枯	合理施用药肥，保持苗床适宜温、湿度
2	种子“戴帽”出土	种皮部分包住子叶并一起出土，子叶展开不及时，影响光合作用	播后覆土过薄，土壤水分不足，地温较低，出苗时间延长，种子活力弱或种皮厚等	播后轻轻镇压土壤；保持苗床适宜湿度和温度；可在早晨或喷水后，种皮潮湿软化后人工“摘帽”
3	子叶畸形	两片子叶大小不一，或子叶开裂，或真叶抱合、粘连，真叶不能正常展开	种子质量较差或低温下叶芽发育不良所致	精选、漂洗种子，剔除秕粒、残粒
4	高脚苗	下胚轴细长，叶柄长，叶片小，叶色浅，植株细弱	苗床高温高湿，光照不足，施氮过量	及时揭盖草苫和通风降温，出苗前苗床温度控制在 30℃，出苗至第一片真叶展开前不宜超过 25℃，同时严控浇水，增加光照，及时通风降温排湿
5	沤根	部分根系变黄，甚至枯萎腐烂，无新生白根，叶片深绿而不舒展，严重者叶缘枯黄	土温低于 10℃，湿度过大	苗床温度掌握在 15℃以上，最低不能低于 13℃，同时防止土壤湿度过大

（续）

序号	问题	症　状	原　因	解决方法
6	易发猝倒病	幼苗根颈部组织腐烂缢缩，发生倒伏死亡	苗床土温较低，湿度大，光照弱，连阴天，通风不良	注意提高土壤温度，及时通风排湿。结合浇水喷淋 72.2% 霜霉威盐酸盐水剂 800 ~ 1000 倍液
7	小老苗	幼苗矮小，叶片小而厚，生长点颜色深绿。幼茎粗壮，生长缓慢，主根发黄，新生白根发生少	炼苗过早，土温过低或养分缺乏。连阴天、光照不足加重症状	及时追肥，把握好揭盖膜时间
8	闪苗	叶片生理性脱水萎蔫	苗床内温湿度较高，骤放大风造成低温干燥环境引发闪苗	苗床放风应由小到大逐渐进行，使幼苗逐步适应
9	灼苗	生长点受高温强日灼伤，嫩茎叶失水萎蔫，严重者死亡	育苗后期强日直射幼苗所致，苗床湿度较小加重症状	注意通风降温，避免连阴天后幼苗突见强日照

二　夏秋茬辣椒育苗管理技术

夏秋天气的基本特点是高温多雨，光照强烈，气候变化剧烈，病虫害多发。因此，此期苗床管理的重点是通风降温，防雨遮阳，避免高温导致花芽分化不良，后期产生畸形果，以及防治病虫害等。管理要点如下：

（1）选种与晒种　该处理环节参考本节冬春茬辣椒常规育苗技术。

（2）催芽　夏秋季节气温一般在30℃以上，适宜辣椒发芽，因此可直接用湿棉纱、毛巾等包裹种子放于暗环境下催芽即可。一般催芽 2 ~ 3 天可行播种。

(3) 播种 播前苗床或营养钵浇透水，不必覆盖薄膜保湿，一般播后 2 天左右幼苗即可出土。

(4) 苗床管理 苗床在温室中应在昼夜打开顶部通风口的同时，将温室前沿农膜撩起通风，通风口加装 30 目防虫网。塑料拱棚内育苗时，除顶部放风外，两侧农膜均应卷起，加大通风量（图 5-6）。

图 5-6 棚室通风口加装防虫网

当日光过于强烈时，可在棚室农膜上方加装遮阳网遮光降温或棚膜喷洒石灰水或白色涂料（图 5-7）。有条件的地方可在温室前后沿加装风机和湿帘（图 5-8）及时降温，适当控制浇水，以防形成高脚苗。温室前沿出现雨水灌入时，应及时挖阻水沟，防止苗床灌雨水或雨淋。注意综合防控猝倒病、病毒病、蚜虫、螨类、斜纹夜蛾等病虫害。

图 5-7 棚室涂白或加盖遮阳网

(5) 壮苗标准 夏秋季辣椒宜小苗定植。苗龄 25 ~ 30 天，5、6 片真叶，茎粗 0.3 ~ 0.5cm，叶色深绿肥厚，无病虫斑；根系洁白，主侧根发达，布满整个营养钵（图 5-9）。

图 5-8　湿帘和风机

图 5-9　辣椒壮苗

第二节　辣椒穴盘基质育苗技术

穴盘基质育苗技术是工厂化育苗中的核心技术，具有基质材料来源广泛、易防病、节肥、成苗率高等优点，目前已在设施蔬菜产区得到广泛应用。

1. 穴盘选择

多选用规格化穴盘，制盘材料主要有聚苯乙烯或聚氨酯泡沫塑料模塑和黑色聚氯乙烯吸塑 2 种。规格为长 54.4cm，宽 27.9cm，高 3.5～5.5cm。孔穴数有 50 孔、72 孔、98 孔、128 孔、200 孔、288 孔等规格（图 5-10）。根据穴盘自身重量又可分为 130g 轻型穴盘、170g 普通穴盘和 200g 以上重型穴盘 3 种。不同蔬菜类型穴盘选择和种苗大小见表 5-7，辣椒育苗一般选择 72 孔普通穴盘即可。

图 5-10　常见 72 孔和 50 孔穴盘

表 5-7　不同蔬菜类型穴盘选择和种苗大小

季节	蔬菜种类	穴盘选择	种苗大小
春季	茄子、番茄	72 孔	六七片真叶
	辣椒	128 孔	七八片真叶
	黄瓜	72 孔	三四片真叶
	花椰菜、甘蓝	392 孔	二叶一心
	花椰菜、甘蓝	128 孔	五六片真叶
	花椰菜、甘蓝	72 孔	六七片真叶
夏季	芹菜	200 孔	五六片真叶
	花椰菜、甘蓝	128 孔	四五片真叶
	生菜	128 孔	四五片真叶
	黄瓜	128 孔	二叶一心
	茄子、番茄	128 孔	四五片真叶

2. 基质配方选择

生产上农户自育苗自用，因需苗量不大，可直接购买成品基质，成品基质养分全面，育苗过程中一般无须补肥。工厂化育苗基质需求量大，为节省成本，一般自行配制混合基质。市场成品育苗基质如图 5-11 所示。

图 5-11　市场成品育苗基质

基质成分主要包括有机基质和无机基质两类。常见有机基质材料有草炭（泥炭）、锯末、木屑、炭化稻壳、秸秆发酵物等，生产上以草炭较为常用，效果最好。无机基质主要有珍珠岩、蛭石、棉岩、炉渣等，其中珍珠岩和蛭石应用较多。

常用混合基质配方：①草炭∶珍珠岩（蛭石）∶秸秆发酵物（食用菌废弃培养料）=1∶1∶1 或1∶2∶1；②草炭∶蛭石∶珍珠岩 =6∶(1～2)∶(2～3)；③草炭∶炭化稻壳∶蛭石 =6∶3∶1；④草炭∶蛭石∶炉渣 =3∶3∶4。选好基质材料后，按照配比进行混合。混合过程中每立方米混合基质掺入 1kg 三元复合肥或磷酸二铵、硝酸铵和硫酸钾各 0.5kg，可有效预防辣椒苗期脱肥。同时每立方米基质拌入 50% 的多菌灵可湿性粉剂 200g 进行消毒（图 5-12）。

图 5-12　基质混合和堆放

【注意】 基质配制过程中不宜以尿素作为种肥，以免降低发芽率。另外，将混合基质的 pH 调整为弱酸性或近中性（pH = 6～6.5）有利于辣椒幼苗生长。

3. 装盘

基质装盘以搅拌湿润基质为佳，此法幼苗出土整齐一致，不易“戴帽”。方法如下：先将基质盛于敞口容器中，加水搅拌至湿润（抓一把基质轻握不滴水为宜）。然后将湿基质装盘，抹平（图 5-13）。

4. 播种

播种前先用手指或压穴器戳播种窝，每穴播种 1 粒，播深为种子长度的1～1.5 倍（约 1cm），播后窝上覆盖干基质，然后用手掌轻压抹平。冬春茬 5～6 天，夏秋茬 2～3 天即可出苗（图 5-14）。

图 5-13　加水拌匀基质并装盘

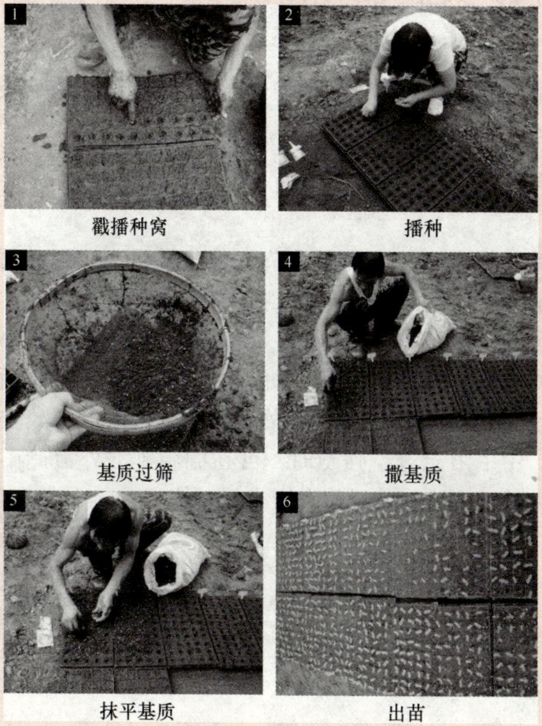

图 5-14　播种与出苗

【注意】 基质装盘前应先过筛，除去基质土块，以防土块压苗造成弱苗。

5. 苗期管理技术要点

(1) 冬春茬育苗 冬春茬穴盘基质育苗的关键限制因子是低温和弱光，因此应在穴盘上方加盖小拱棚进行二次覆盖。同时，可采用每平方米功率为110W的防水远红外电热膜（图5-15）铺于地下2cm左右，然后将穴盘置于其上，通过温控仪调控小拱棚内白天温度为25～30℃，夜间温度15～18℃，效果良好。并应注意浇水的水温一般把握在20～25℃，不可用冷自来水直接浇灌，以免冷水激苗，浇水宜在早晚进行。

图5-15 远红外电热膜

【提示】 穴盘苗根系可通过渗水孔下扎至土壤中，应经常挪动穴盘位置，防止定植时伤根造成大缓苗。

(2) 高温季节育苗 高温季节水分蒸散量大，光照强烈，因此育苗管理上应坚持小水勤浇的原则，保持上层基质湿润。同时，每穴盘浇完水后应回浇穴盘边缘苗，以防边缘苗缺水形成小弱苗。出苗后控制浇水，防苗徒长。后期幼苗需水量大增，喷壶洒水似毛毛雨不能满足需要，可在穴盘四周做简易畦埂，以水漫灌穴盘底部的方法解决。中午阳光过于强烈时，可在棚膜上方外覆遮阳网遮阴降温。有条件的地方可安装风机和湿帘辅助降温。

第六章
辣椒露地高效栽培技术

第一节 辣椒露地栽培技术

辣椒喜温，不耐霜冻，露地栽培一般多于冬、春季播种育苗，终霜后定植，晚夏拉秧，在夏季温度不太高的地区也可越夏栽培直至深秋拉秧。

一 整地、施肥

辣椒栽培应选择地势较高、土层深厚、排灌良好、土质疏松肥沃的沙质壤土。切忌与茄科作物连作，应选择2~3年未种过茄科蔬菜的地块，最好实行水旱轮作。种植辣椒的地块宜冬季深耕，耕后任其日晒，以改良土壤结构，消灭病虫源，减轻病虫危害。定植前结合整地做畦，施入基肥。基肥以农家肥为主，可用厩肥、人粪尿、畜禽粪便等堆沤肥。每亩可施用农家肥5000kg、尿素30~50kg、过磷酸钙50kg、硫酸钾15kg或45%复合肥（15-15-15）30~40kg，整地前撒施60%，定植时集中沟施40%。

【小窍门】>>>>

施肥一大片不如一条线，沟内施肥有助于提高肥效。

辣椒可采用高畦栽培、垄作栽培和平畦栽培。高畦栽培也称宽窄行栽培，畦总宽约1.0m，畦面宽60~70cm，沟宽30cm，畦高15~20cm（图6-1）。垄作栽培，垄距80cm，垄高不超过15cm，垄面宽50cm，沟宽30cm，呈中间高、两边低的脊背形（图6-2）。整地做畦要在土壤比较干爽时进行，切忌湿土整地，以免土壤板结成块。酸性土壤可结合整地施用石灰100kg/亩左右。辣椒不耐涝，南方多雨地区一般采用高畦栽培，开好沟后，在畦中间开浅沟，施入基肥，然后再定植（图6-3）；北方则多采用垄作栽培。

图6-1　高畦整地做畦

图6-2　垄作整地做畦

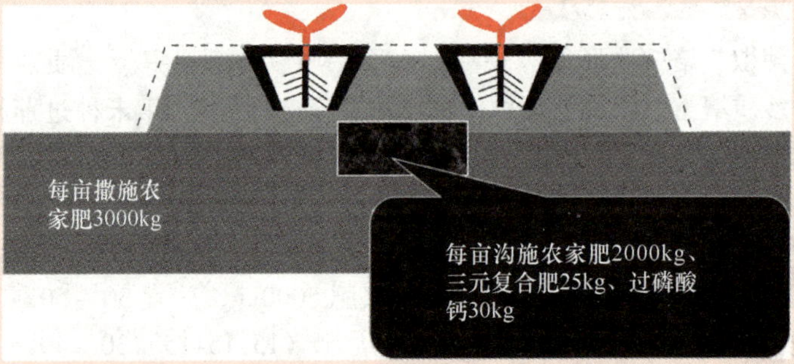

图6-3　高畦及施肥示意图

二　定植

辣椒高畦栽培（宽窄行栽培），一般每畦定植2行，行距40～50cm、株距30～45cm（图6-4）。同时，应根据当地种植习惯，采用一穴单株或双株种植。平畦栽培（图6-5）可按行距40cm、株距35cm定植。不同品种的种植密度有所不同，一般每亩种植4000～6000株，早、中熟品种因其株型紧凑，株幅小，定植密度可适当加大，晚熟品种，株幅大，定植密度应适当减小。一般于辣椒类型比长椒型密些，长椒型比甜椒型密些。土壤10cm地温稳定在15℃左右时即可定植。

【提示】辣椒露地栽培应在确保不受冻害的前提下适当抢早定植。定植宜在晴天、无风的下午进行，切忌雨天定植。

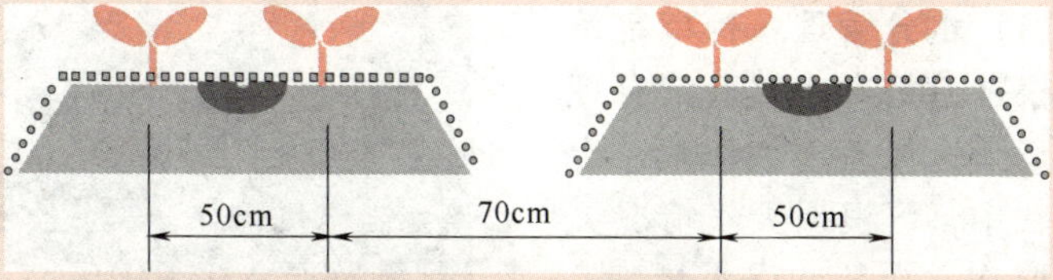

图6-4　辣椒宽窄行栽培示意图

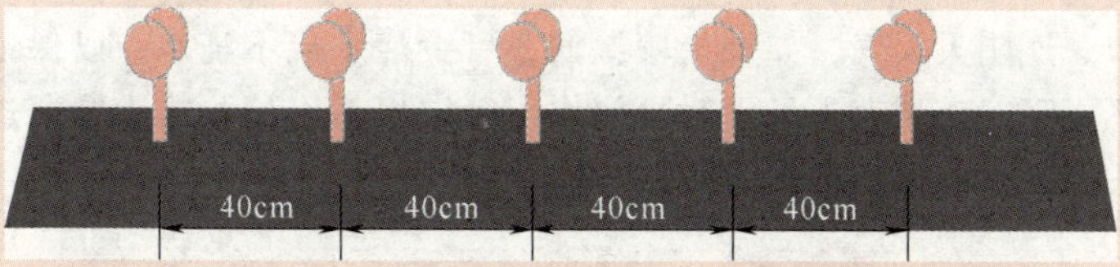

图6-5　辣椒平畦均行栽培示意图

移植过程中起苗要尽量少伤根，多带土，轻拿轻放。栽植深度同幼苗原入土深度一致。用营养杯育苗的可将其倒转，杯底朝上，轻轻拍打杯底，苗坨会自然落出。也可用U形铁丝将苗挖出。用育苗盘育苗的可用手捏紧幼苗茎基部，即可带出苗坨（图6-6）。定植时大小苗分开定植，以利于管理。用小锄头挖开或用手挖开定植穴，将苗坨放于穴中，用土封严。定植后立即浇定植水，水量要充足，使土壤充分湿润。夏、秋

图6-6　穴盘育苗

季定植后一个星期内，中午最好用遮阳网或稻草等其他覆盖物遮挡部分阳光，防止晒伤秧苗，并可减轻病毒病的发生，以利于尽快缓苗。

三 田间管理

1. 查苗、补苗

辣椒定植缓苗后（图6-7），应及时查苗，发现缺苗的，及时在晴天下午进行补苗。

图 6-7 辣椒缓苗后长势

2. 肥水管理

（1）水分管理 辣椒定植后应根据苗情和土壤墒情合理水分运筹，保持土壤湿润。生产实践中，可根据天气情况灵活掌握浇水次数和浇水量。天气晴朗、温度高、蒸发量大时增加浇水次数和浇水量。低温季节、连阴天天气，如果土壤湿润，可少浇水或不浇水，以保证地温不下降，直到表土见干时再浇水。辣椒根系生长要求土壤通透性好。因此，在多雨季节要做好田间排水、防涝工作。

【禁忌】 辣椒露地栽培切忌田间积水，积水轻者会造成根系吸收能力降低，导致植株体内水分失调，引起落叶、落花和落果；重者则造成植株萎蔫、沤根和死棵。

进入高温干旱季节，连续高温干旱时间长时应进行沟灌。沟灌宜在下午或早上天气较凉时进行，宜灌跑马水，急灌、急排。进水要快，土壤湿透后，立即排干。灌水时间不能过长，以水不溢过畦面、低于畦面6～10cm为宜，否则会引发根系窒息和诱发病害。

【提示】 辣椒一般需浇5次关键水：①浇定植水；②定植7～10天后浇缓苗水；③蹲苗结束后及时浇水，增加空气湿度提高坐果率；④第一层果长至2～3cm大时浇膨果水；⑤剪枝后浇水。其他时期的水分运筹可根据实际墒情和苗情确定。

辣椒生育期很长，为了保证其生育期内有充足的养分供应，除了施足基肥外，还要根据辣椒的生长情况进行合理追肥。一般早熟品种开花结果早，营养生长较弱不利于高产，应加强早期追肥、增施氮肥，促使植株苗期适度旺长，有利于提高产量。晚熟品种营养生长旺盛、生殖生长迟缓，应控制早期追肥，减少氮肥施用量，增施磷、钾肥，防止徒长，促早开花结果。

（2）土壤追肥 追肥应氮、磷、钾肥配合施用，分期进行。追肥的原则：轻施苗肥，稳施花蕾肥，重施花果肥，早施返秧肥。施肥可结合淋水进行。一般在施完肥后立即喷淋水，不但可以冲洗干净叶片，以免烧叶，还可淋湿土壤，有利于根系吸收养分。

1）轻施苗肥。定植后苗期追肥以磷、氮肥为主，以促使幼苗发根、植株生长和花芽分化。可根据苗情，在定植后7~10天缓苗结束后结合中耕进行第一次追肥，如追施腐熟的稀粪水或尿素3kg/亩、三元复合肥6kg/亩，但苗肥切忌多施，以免徒长。

2）稳施花蕾肥。植株从现蕾到第一次采前植株大量开花而果实尚不多时，是辣椒由营养生长为主过渡到生殖生长与营养生长并行的转折时期。此期既要适量追肥以满足辣椒开花、结果的需要，又要防止追肥过多而导致植株徒长，引起落花。管理上要控制施用氮肥，增施磷、钾肥，追肥要“稳”。生长势较差、叶片较黄的田块可追施腐熟的稀粪水或沼液肥1000kg/亩，或随水冲施氮、磷、钾三元复合肥5~10kg/亩，以促进开花与结果。

3）重施花果肥。从第一次采收至立秋时为营养生长和生殖生长并重的阶段，花果量大，植株需要充足的养分供应。管理上应加强肥水管理，可穴施畜粪肥1500~2000kg/亩、并随水冲施磷肥25~40kg/亩和尿素10kg/亩。也可在距植株群根6~10cm处穴施化肥。通常每15天追肥1次，共追肥4~5次。

4）早施返秧肥。返秧肥对中晚熟品种后期生长很重要，能促进后期结果，增加秋椒产量。可分别于立秋和处暑前后各追施畜粪肥1000kg/亩和氮磷钾三元复合肥20kg/亩。

【注意】 辣椒返秧肥不宜施得过迟，否则由于气温下降肥效会难以奏效。

（3）根外追肥 辣椒植株生长前期根系较弱，后期植株趋向衰老、根系吸收能力下降，土壤中缺乏微量元素时可及时进行根外追肥。初花期至盛花期可叶面喷施0.2%的硼砂或0.1%的硼酸水溶液1~2次，以加速花器官的发育，提高结实率。开花期至初果期叶面喷施植物动力2003或高美施1000倍液1~2次，可促进植株健壮生长，增强抗病性，提高结实率。结果期叶面喷施0.5%磷酸二氢钾或尿素溶液1~2次，并可添加适量白砂糖，可增加果实亮度。

【注意】 辣椒苗期植株叶片较柔软，施用叶面肥的浓度宜低；气温高时浓度宜低。根外追肥宜在阴天或晴天上午露水干后及下午喷施。

3. 中耕、培土和整枝

（1）中耕、蹲苗 一般在辣椒定植后10天进行第一次中耕（图6-8）。中耕前2~3天应停止浇水，并开始蹲苗。中耕应在土壤比较干燥时进行，靠近根系处宜浅，尽量少伤根，距离植株远处可稍深。

图6-8 辣椒中耕

蹲苗能通过合理控制土壤水分，促进根系向纵深发展，使植株形成强大的根系，有利于辣椒开花结果。蹲苗时间的长短可根据辣椒品种和当地的气候条件而定，一般为7~10天。早熟品种蹲苗要轻，蹲苗时间要短；晚熟品种蹲苗可稍重一些，时间可长一些。空气相对湿度较高时，蹲苗时间可长一些；反之，蹲苗时间宜短。一般在门椒长至2~3cm长时结束蹲苗。蹲苗结束后要及时追施促花肥水，促进开花坐果。

（2）培土 辣椒保护地或露地栽培时，如果植株长势较旺，植株高大，部分品种易发生倒伏，需及时进行培土。一般在植株封行前进行最后一次中耕，并进行培土，以加厚根际土层，降低根系周围的地温，防止植株倒伏，并可提高行间通风透光性，降低湿度，减少病虫害的发生。结合培土可追施肥水 1 次，视地力每亩随水冲施复合肥 15～20kg。

（3）整枝和引枝　第一个果坐果后及时摘除分杈以下的侧枝，并打掉植株下部（门椒以下）的枯、黄、老叶，以利于通风透光和果实发育。常规辣椒栽培无须整枝打杈，但侧枝结果率低不利于增产。当前辣椒栽培多采用四干或双干整枝。同时对主枝上的侧枝在第一节时摘心，有助于增加主枝坐果率。

【注意】　辣椒采用何种整枝方式应根据具体栽培情况确定，一般说来四枝栽培有利于增加花数和提高花的质量，二枝栽培则有利于果实膨大。在密植的情况下，为了提高单位面积产量，推荐采用双干整枝。

实行整枝栽培时植株的直立性差，需对主枝进行扶持或牵引。比较常用的方法是架设单篱壁架，每 2 个单篱壁架用木棍或细绳连接起来（图 6-9）。也可采用吊蔓方法，做法是先在栽培行的上方拉南北向 3 道铁丝，用尼龙线（撕裂膜）吊引枝条，牵引宜斜向呈 45°角为好。

图 6-9　辣椒支架栽培

（4）植株更新与周年栽培　辣椒的枝干在短截以后，其下部叶腋里的隐芽还可萌发并进一步结果。利用辣椒这一特性，华北、华东等地区露地春茬、保护地冬春茬或早春茬辣椒可在8月上旬前后进行截干，更新后的植株在秋高气爽的秋季还可以继续结果，保护地栽培则可转入秋延迟或秋冬茬生产。

具体方法：从辣椒主干离地20cm处用镰刀削断使之成斜面，用多菌灵药液进行伤口消毒，并用油漆封闭切口。之后清洁地面，疏松土壤，在植株一侧的行间开穴，每穴施入腐熟人粪尿1kg和磷酸二铵25g，并灌入5mg/kg萘乙酸水溶液和爱多收3000倍液的混合液250g左右。盖土后浇水，7～8天后发出新枝，从中选留2或3个生长健壮、位置适宜的枝条用来结果。并采用与栽培方式和茬次相适应的整枝方法，确保优质、高产。

（5）辣椒剪枝 露地栽培辣椒进入高温季节后，植株的4个大枝分生出8个侧枝，枝繁叶茂影响通风透光，不仅导致果小，而且易掉果烂果，还会诱发各种病害，如果及时剪掉8个侧枝，可使肥力集中于4个大枝，使辣椒多结果，结大果。剪枝一般在7月下旬～8月上中旬进行。此时第一茬辣椒果实已采摘完，植株在昼夜温差不大的情况下处于歇秧阶段，剪枝增产效果最好。

用锋利的修枝剪刀剪去病虫枝、前期结果过多的下垂枝、管理不当的折断枝等，剪下的枝条应带出集中处理。剪枝时剪口要光滑，以防剪口招致虫害或诱发病害。剪后结合浇水每亩追施尿素5～7.5kg，以促进生长和结果。并可叶面喷施尿素250g/亩和磷酸二氢钾150g/亩（二者混合兑水75kg均匀稀释），喷施叶面肥应在阴天或晴天的傍晚进行。

【提示】 对辣椒植株实施修剪，是一条行之有效的增产措施，合理剪枝可增产15%～20%，生产上应予以重视。

4. 辣椒生育异常

（1）辣椒“三落”问题 辣椒落花、落果、落叶被称为辣椒的“三落”。“三落”是指连接辣椒花柄、果柄和叶柄基部的组织形成了离层，与着生的组织自然分离脱落。辣椒“三落”在各茬栽培上均有发生，只是程度不同而已。发生“三落”既有生理的原因，也有病理方面的因素，主要诱因有以下几个方面。

① 温度过高或过低：气温高于35℃或者低于15℃，地温超过30℃，会造成根系老化，花粉发育不良。

② 土壤水分过多或干旱：土壤水分过多引发根系功能受阻或受损，土壤干旱导致植株体内供水不协调等均可引发落花落果。

③ 光照不足：连阴雾天、植株种植密度过大、棚室采光不好都会使植株生长势弱，营养供应不足，导致落花落果。

④ 空气湿度大：空气湿度过大时花粉吸水膨胀或破裂导致授粉不良。

⑤ 偏施氮肥：偏施氮肥致使植株营养生长过旺，影响生殖生长。

⑥ 病虫危害：辣椒的炭疽病、疮痂病、白星病及棉铃虫、烟青虫等都可引起落叶、落花和落果，尤其病毒病和疫病的发生蔓延易引发大量落叶。

预防辣椒“三落”：一要选用抗逆性强的优良品种；二要合理密植或稀植；三要科学运用肥水，保持辣椒营养生长和生殖生长均衡发展；四要及时防治病虫害。

【提示】 辣椒浇水与“三落”关系密切，管理上应注意小水勤浇，浇水宜在傍晚进行，雨后及时排水。另外，暴晴天骤降雨或雨后暴晴均易造成土壤缺氧，植株萎蔫。因此，辣椒雨后应及时浇灌清水，以降低土温，增减土壤透气性，防止根系受高温和缺氧影响。

（2）辣椒低温障碍 辣椒生长期间遇持续低温时叶色变浅，近叶柄处出现黄色花斑，植株生长缓慢，称为低温障碍。低温障碍导致辣椒抵抗力减弱，吸收营养元素受阻，地温低于10℃时果实易积累花青素，后扩散为紫痕斑（图6-10），商品品质下降。辣椒植株遇5℃以下低温时发生冷害，

图6-10 辣椒青皮

叶尖和叶缘出现水渍状斑块，叶组织变成褐色或深褐色，后现青枯状，严重影响植株生长发育。

（3）辣椒高温障碍 辣椒生育期间白天气温超过35℃，甚至高达40℃，持续时间达4h以上，夜间气温20℃以上，同时伴有空气干燥和土壤缺水会造成叶片表皮组织细胞灼伤，致使茎叶损伤的现象称为高温障碍。发生高温障碍的叶片通常出现黄色至浅黄褐色不规则形病斑，叶缘出现漂白色，后变为黄色。轻者仅叶缘受到伤害，重者危及整个叶片，形成永久性萎蔫或干枯，果实受害出现日灼果。露地栽培辣椒栽植密度小，植株长势弱，枝叶覆盖程度差易发生高温障碍。

（4）辣椒畸形果 辣椒产生畸形果的原因：一是高温下受精不完全，花粉发芽率降低，容易产生畸形果；二是温度低于13℃时易出现单性结实的僵果；三是光照不足时，养分供应不足或不均匀，也会产生畸形果；四是根系受损或吸收机能降低时易出现先端呈尖形的尖形果。

第二节 辣椒地膜覆盖栽培技术

一 地膜覆盖的作用

地膜覆盖具有提高地温、保墒防涝、防板结、改善土壤结构、促进养分转化、减轻盐碱危害、防除杂草、改善近地面小气候条件和减轻病虫危害的作用，因而可以促进辣椒早缓苗、早发根、早生长、早结果，是一项实用的早熟丰产技术。地膜覆盖辣椒一般可以提早5～10天上市，前期产量可增加30%～40%，总产增加30%以上。

辣椒栽培常用农膜主要有普通无色透明地膜、除草膜、黑色膜、银灰膜、黑白两用膜等。其中，黑色膜因具有防草和一定的降低地温的作用，常用于越夏栽培。银灰色膜或银灰色反光膜具有避蚜作用，并可在夏季高温季节降低地温。

二 品种选择

地膜覆盖以早熟丰产为主，所用品种应具有较好的早熟性，如绿金线、长丰、世纪椒王、羊角红、中椒105、红英达、新福特4号等。

三 育苗

地膜覆盖栽培的辣椒，其育苗时期、方法和步骤与露地栽培用苗基本一样，唯地膜覆盖栽培更强调早熟性，为了充分发挥地膜覆盖的早熟丰产效果，在育苗上必须下些功夫：一是采用温室等具有良好增温保温效能的设施；二是用营养钵（袋）进行护根育成苗，以减少定植伤根；三是苗床管理上要更加严格地实施温度调节，在不控水的前提下调节幼苗健壮生长，使幼苗具有旺盛的生命力，并在定植前加强幼苗的低温锻炼，以适应露地的环境条件。日历苗龄一般为80～90天，生理苗龄以大部分植株现蕾为好。

四 定植

1. 施肥

结合整地每亩施入充分腐熟的农家肥7000kg、尿素30～40kg、过磷酸钙30～40kg、硫酸镁1～3kg和硫酸钾20kg。基肥的施用方法：结合整地普施2/3的底肥，1/3的底肥集中沟施。

【注意】 辣椒地膜覆盖栽培肥效发挥充分，根系发育好，前期长势旺，但生育期内一般不能追施有机肥，追施速效化肥效果也相对较差，因此基肥应以有机肥为主，施用量比露地栽培多施20%以上，并宜增施磷、钾肥和微量元素肥。

2. 整地做畦

整地时要随翻随耙，使土壤疏松细碎，畦面平整无坑洼。北方地区一般采用平畦栽培或垄作栽培。垄作栽培，垄距80cm，垄高不超过15cm，垄面宽50cm，沟宽30cm，呈中间高、两边低的脊背形（图6-11、图6-12）。垄面整平整细后，用相应规格的地膜覆盖垄面，两边用土压严。铺膜时拉紧地膜，膜与畦面之间尽量不留空隙，两边用土压实。如果地膜有破损，可用土封严。南方地区高畦深沟栽培整地时应畦面平整、无坑洼、土细、无坷垃，利于覆膜

（图 6-13）。为防止地膜松弛或产生皱褶，铺膜前可先镇压畦面。如果杂草较多，可采用除草膜或盖膜前喷洒氟乐灵除草剂等方法进行防治。整地覆膜工作宜在定植前 10～15 天完成，以利于烤地增温。

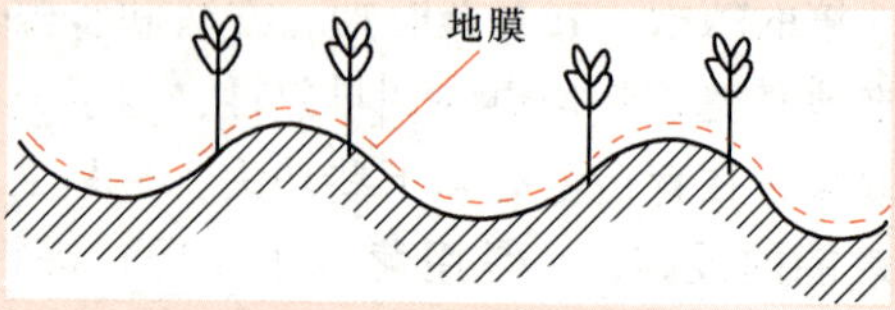

图 6-11　垄作栽培示意图

图 6-12　垄作栽培覆膜开定植孔

图 6-13　高畦覆膜栽培

【注意】 氟乐灵见光易分解，因此喷后应用四齿或平耙细耧垄面，用量为 48% 氟乐灵 100～150mL/亩，兑水 30L 进行喷雾。

3. 地膜覆盖

地膜覆盖有三种方式。一是先覆膜后定植（图 6-14）。先覆膜后定植是按株行距挖定植孔，将孔内土挖出后栽苗，用土压住孔四周的膜即可。二是先定植后覆膜。先定植后覆膜（苗侧套盖）是在

图 6-14　覆膜后人工定植

定植水浇后待地面稍干，按株行距摆上幼苗，在地膜相应位置切成十字形的定植孔，然后引苗出孔，再将薄膜平铺于小高畦上，四周用土压紧。这种方法定植速度快，但易伤幼苗的叶片，且畦面不易平整。三是改良地膜覆盖法，也称“先盖天后盖地”。即定植前整高20cm、宽70cm（沟宽30cm）的高畦，畦上开两条深沟，施基肥后栽苗，然后架设30cm高的小拱架再覆膜，即先盖天。植株长高接近薄膜，时值露地晚霜过后，可破膜引苗，撤去拱架，再在根周围用土封压地膜，回到普通地膜覆盖的形式，即后盖地。改良式地膜覆盖由于先盖天后盖地使温度提升较快，前期幼苗在小棚内生长，因此可比普通地面覆盖提早定植7天左右，比露地栽培提早定植10～15天。

【提示】 进行地膜覆盖时，地面要整细整平，后期要适期揭除。

4. 定植

在垄或畦面上按行距30～40cm、株距25～35cm定植，两行穴坑可互相交错，提倡采用机械定植（图6-15）。也可垄作单行定植，一般垄宽20cm、垄高10～15cm、垄距40cm。每垄定植一行，株距25～35cm（图6-16）。每亩需定植5000～6000株。定植时一般采用暗水定植，也称“水稳苗”，即开穴后先浇水，再摆苗，待水基本下渗后再覆土封穴，可以避免定植后土温过低或土壤板结，也利于缓苗。覆土时使苗坨与膜面持平，然后培土压严膜口。

图6-15　覆膜后机械定植

图6-16　垄作单行定植

五 定植后的管理

1. 水分管理

地膜覆盖可减少土壤水分蒸发，因此，辣椒生长前期应减少灌水量，防止浇水过多而引起地温下降。植株生长中、后期由于地膜覆盖促进了植株生长，植株水分蒸腾量大，尤其盛果期需水量比露地栽培大，应加大灌水量和灌水次数，防止辣椒受旱引起早衰减产。

2. 施肥管理

辣椒生长期长、生长量大，基肥不能满足其整个生育期的需要，需在结果盛期和生长中后期进行 2～3 次追肥，宜以速效化肥为主，可结合畦沟灌水追施化肥和腐熟人粪尿肥。此外，辣椒越夏和生育后期叶面喷施尿素、磷酸二氢钾、微量元素或叶面肥有助于植株恢复生长，延缓后期根系和叶片衰老进程，增产效果较好。

3. 中耕除草

地膜覆盖后夏季土温可达 40～50℃，大部分杂草的生长受抑制，因此畦面可减少中耕除草。一般只在定植初期，对畦沟进行 2～3 次中耕，并注意保护好地膜，严密封闭定植孔。

4. 搭架与植株调整

由于地膜覆盖辣椒定植相对较浅，生长过程中不能培土，植株生长又较旺，易发生倒伏，所以需要及时搭架支撑。可用 80～100cm 长竹竿每隔 1～2m 插在植株旁距根 10cm 处，再用长竹竿横向固定于高杆上，一般 30～40cm 绑 1 道，可绑两道。

为防止辣椒侧枝生长过快影响主枝开花结实，同时改善植株透光条件，生产上常将门椒以下侧枝和叶片全部打去，即所谓的“捋裤腿”。

【注意】 辣椒“捋裤腿”不宜过早，否则会影响前期根系和植株养分的供应。可将打杈、摘叶分次进行。第一次可采用打杈留叶的方法，打去 5cm 以上的侧枝，留剩余枝叶积累养分。第二次植株封垄时打去门椒以下的叶片和侧枝。

5. 保护好地膜

生产中需经常检查地膜有无裂口、边角有无掀起透风跑气等，若有应及时用土压严（图6-17）。

图6-17　地膜保护

——第七章——
辣椒保护地高效栽培技术

第一节　辣椒小拱棚早熟栽培技术

辣椒小拱棚栽培可以有效避免晚霜危害，因而早春茬播种期比露地地膜覆盖栽培可提前 20 天左右，具有一次性投资少、产量高、效益好、易于轮作等优点。辣椒小拱棚栽培的主要茬口包括早春茬和秋延迟茬，本节主要介绍早春茬栽培技术。

一　品种选择

早春茬栽培宜选用抗寒性强、早熟、耐逆性、抗病性强、高产的品种，可参考第六章第二节辣椒地膜覆盖栽培技术中的品种选择。

二　育苗

1. 播种期及育苗方式

我国北方辣椒小拱棚早春茬栽培一般于 2 月中下旬在温室内进行育苗，3 月中旬分苗移植到营养钵，4 月上中旬定植。

2. 营养土配制及消毒

播种床营养土配制可选用烤晒的过筛园土 1/3、腐熟猪粪渣1/3、炭化谷壳 1/3 充分混合均匀。分苗床营养土配制用园土 2/4、腐熟猪粪渣 1/4、炭化谷壳 1/4 混合均匀。营养土的配制不宜掺饼肥。充分拌匀过筛后每 50kg 营养土加入 500g 磷酸二铵和 350 ~ 400g 磷酸二氢钾。播前半个月将各种配料搅拌配好，加少量热水拌匀后覆盖薄膜使其继续发酵。配好的营养土可用福尔马林消毒，即 1000kg 营养土用药液 200 ~ 300g，兑水 20 ~ 30kg 均匀喷洒，并拌匀营养土，然后盖膜闷土2～3天。去膜放置5～7天待药味散尽后使用，可以防治多种病虫害。

3. 种子处理及催芽

先把辣椒种子用清水冲洗干净，然后将种子浸入55℃温水中，浸泡15min，浸种时要不停搅拌，防止烫伤种子，待水温降至室温再继续浸泡5～6h。将浸泡过的种子置于28～30℃的恒温箱催芽。为了增强秧苗的抗寒力，可在催芽之前进行低温锻炼，即把浸种后即将出芽的辣椒种子在2～3℃的温度环境下放置2～4天后再取出催芽。在催芽过程中要经常翻动，使种子均匀受热，2～3天露白后将温度降至25℃，经4～6天种子发芽率达到50%以上时准备播种。

4. 播种及播种后管理

播种前把床土耙细，床面整平，再撒上15cm厚的营养药土，耧平，浇透底水，待水下渗后均匀撒种，再覆盖营养药土0.8～1cm，然后在苗床铺设地膜，架设小拱棚。播后至幼苗出土期，保持白天温度28～30℃，夜间18℃左右，床温20℃，60%种子发芽顶土时，撤下苗床上的地膜。出苗后日温降至20～25℃，夜温16℃，床温18℃。分苗前期控制床温为19～20℃。出苗后晴朗天气应多通风见光，维持床土半干半湿，床土湿度过大时可撒干细土或干草木灰吸潮。注意加强光照管理，必要时进行人工补光。具体管理技术参考第五章辣椒育苗技术。

5. 分苗及苗床管理

一般播种后35～40天，幼苗长有2～3片真叶时即可分苗。分苗前3～4天适当炼苗，白天加强通风，夜温控制在13～15℃之间。选晴朗天气的上午分苗，分苗宜浅，子叶须露出土面。可采用10cm×10cm营养钵分苗（图7-1），分苗时先浇湿苗床，然后将幼苗带土坨移栽入营养钵，移栽深度以露出子叶为准。将栽好的营养钵依次摆放于苗床，下垫废塑料，以防根系下扎，避免定

图7-1　营养钵辣椒分苗

植伤根。

分苗后苗床架设小拱棚促进缓苗，必要时需在小拱棚上遮盖遮阳网。移植后5~7天，幼苗开始生发新根。缓苗后可在无风天通风降湿，开始时放小风，后逐渐加大通风量，但应注意勿让冷风吹苗。发现幼苗徒长时可叶片喷施助壮素促进壮苗培育。定植前7天夜温降至13~15℃炼苗，并控制水分和逐步增大通风量，增强幼苗抗逆性。

三 定植

定植前15天左右结合整地每亩施入腐熟堆肥3000kg、尿素30~50kg、过磷酸钙30kg和饼肥60kg。2/3的基肥普施，1/3的基肥沟施。北方地区一般采取垄作栽培，做畦浇足底水后，盖地膜升温，然后再定植。辣椒幼苗9~10叶龄，开始分枝现蕾时即可定植。一般每垄栽2行，行距40cm，株距25~26cm，每穴栽单株或双株，每亩苗数8000~10000株。定植当天的早晨或头天傍晚可浇1遍送苗水，带土坨移栽，大小苗分级，定植以根颈部与畦面相平或稍高一些为宜，定植后架设小拱棚。

四 定植后的管理

1. 温、湿度管理

小拱棚棚内气温变化剧烈，昼夜温差大，晴天白天温度可达30℃以上，夜间或阴天棚内温度仅比露地高1~3℃，早春遇寒流或倒春寒天气幼苗易发生冷害。此外，棚内相对湿度在不放风时可达70%~100%，白天放风后湿度可保持在40%~60%，湿度显著高于露地，因此辣椒小拱棚栽培应加强棚内温、湿度管理，及时放风降温、降湿或保温、增温。具体管理方法如下：定植后5~7天棚内湿度较大有利于缓苗，管理上一般不放风，晚上覆盖草帘保温，以保持日温30℃、夜温20℃、地温16℃为宜。缓苗后应保持生育适温，即日温28~30℃、夜温17~20℃，夜间地温不低于13℃。开花结果初期遇低温寒潮或阴雨天气，应加强覆盖保温，晴天及时放风降温降湿，防止植株徒长。一般定植后覆盖30~40天即可撤除棚膜，如华北地区5月中下旬即可撤除棚膜（图7-2）。

【注意】 ①小拱棚放风初期可先放小拱棚两头，后随天气转暖，逐步揭开背风一侧薄膜，适当加强放风以防烤苗（棚内温度以不超过30℃为宜）。②一般在上午9：00～10：00开始揭棚通风，下午3：00～4：00覆棚停止通风。③遇连续阴雨天气，温、湿度发生矛盾时，应中午前后进行短时通风降湿。

2. 肥水管理

图7-2 撤掉棚膜

辣椒喜温、喜水、喜肥，但高温下易发病害，水涝易死棵，肥多易烧根，因此应根据不同生育阶段的管理目标进行水肥运筹。定植初期应加强中耕、蹲苗管理，协调好营养生长和生殖生长的关系。此期的管理目标是促进缓苗和根系发达，为早熟丰产打下基础。定植7天后浇第二水（缓苗水），并进行深中耕（5～7cm，近根处稍浅，远根处略深），有助于提高地温，保墒透气，促根发育。如果此期底肥不足，苗黄、长势弱，可结合缓苗水随水轻施1次促秧肥，肥量以尿素或磷酸二铵15kg/亩为宜，配施适量磷、钾肥。缓苗水后中耕1～2次，随后控水蹲苗10～15天，以提倡小蹲苗为宜。蹲苗期结束后及时浇水追肥，可随水追施腐熟人粪尿或沼液肥500～1000kg/亩、复合肥10～15kg/亩。浇水施肥后及时浅中耕，以改善土壤通气性。经上述管理措施后，华北地区辣椒一般在6月中旬前封垄，东北地区7月上旬前封垄。结束蹲苗后，辣椒植株和果实进入旺盛生长阶段，生产上应加强攻果肥水和返秧肥水管理。攻果肥可结合蹲苗后浇第二水冲施复合肥20～25kg/亩，增产效果显著。返秧肥是在度过高温多雨的夏季后（华北地区常在8月初立秋前后）需重施的一次肥料，可结合浇水冲施复合肥30kg/亩，以促进返秧，防止植株早衰，为第二次结果高峰做好准备。

3. 植株调整

辣椒长势较旺，当株高超60cm以上时，按穴插小竹竿支撑，防止倒伏。剪除垂直生长的营养枝条，使植株个体呈开心状。中后期，在腋芽尚未伸长时去腋芽，并摘除底部病残叶。适当剪掉一些内部拥挤和下部重叠的枝条，剪后应及时喷药防病。

【注意】①为避免门椒坠秧影响植株生长和坐果，门椒应尽早采收。②采用沟栽定植的辣椒还应在封垄前进行追肥和培土保根。

4. 防治“三落”

辣椒生育期间经常发生落花、落果、落叶现象，应注意采取综合措施加以预防。也可在开花时用含量为30～40mg/kg的番茄灵喷花，可减少落花落果。

5. 采收

辣椒小拱棚栽培可比露地栽培提早10～15天上市，北方地区一般于6月下旬～7月上旬开始收获。

第二节　辣椒塑料拱棚栽培技术

大棚辣椒栽培（彩图4）主要有早春茬和秋延迟茬两种栽培模式。早春茬大棚辣椒栽培可比露地栽培生长提早30～40天，上市提早25～40天，辣椒产品质优价高，效益显著。而秋延迟大棚栽培辣椒可比露地栽培生长延后30天左右，上市延迟30～40天，可为国庆、元旦市场供应新鲜辣椒产品，因此农户也可以获得较好的经济效益。

一　育苗

1. 品种选择

（1）早春茬　选择耐弱光、抗寒性强、抗病性好、低温下易坐果、优质早熟高产的新品种，如世纪椒王、甜阿宝、陇椒5号、中华龙椒、中椒105、农大508、农大603、湘研4号等。

（2）秋延迟茬 选择前期耐高温、中后期耐低温、抗病毒病、生长快、果型大、耐储运的中早熟或中熟品种，如农大610、越夏王、玉秀303、中椒5号、湘研3号等。

2. 苗床选地与土壤消毒

选择地势高，土壤肥沃，3年内没有种过辣椒作物的生茬地作为苗床。苗床营养土按腐熟猪、鸡粪3份，腐熟马粪3份，园土4份，拌匀过筛（图7-3）。播前，每1000kg营养土中均掺入50%甲基硫菌灵可湿性粉剂或50%多菌灵可湿性粉剂80g以及2.5%的敌百虫可湿性粉剂60g或0.5%的福尔马林进行消毒（图7-4）。

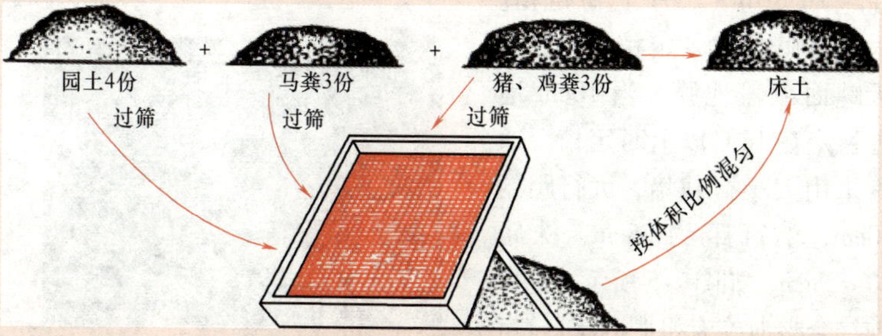

图7-3 配制床土

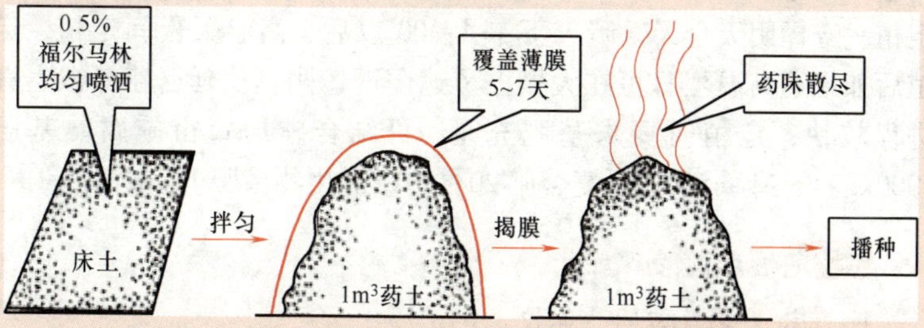

图7-4 床土消毒

3. 适时播种

（1）早春茬栽培 一般要求培育大苗，定植株高20cm，叶片数为12～15片，茎粗0.4～0.6cm，苗龄70～100天。华北地区一般于12月下旬～第二年1月上旬温室加温播种育苗。

（2）秋延迟茬栽培 一般在7月上中旬播种，8月上中旬定植。秋延迟茬壮苗标准：苗高15～17cm，开展度为15cm左右，苗龄30～60天，6～10片真叶，刚现蕾分杈，叶色深绿、壮而不旺，根系发达，无病虫危害。

二 定植

1. 早春茬定植

华北地区一般于3月中下旬～4月上旬定植，东北、西北地区常在4月下旬～5月上旬定植。采用高畦栽培，定植前7～10天畦面覆盖地膜，当10cm地温稳定在12℃以上时定植。通常采用大小行栽培，大行距约50cm，小行距约35cm，株距30～33cm，如图7-5所示。定植前结合整地施有机肥6000kg/亩和复合肥40～50kg/亩。

图7-5 大小行栽培

2. 秋延迟茬定植

华北地区一般在8月上旬定植，长江中下游地区多在8月下旬定植。选择阴天全天、晴天下午4：00以后、高温天夜间定植，定植后如果遇高温烈日可在大棚上覆遮阳网遮阴。秋延迟茬辣椒生育进程较快，定植时要求基肥充足，可结合整地每亩施腐熟基肥5000kg、干鸡粪500kg、复合肥20～30kg和生物菌肥100kg。

三 定植后的管理

1. 辣椒早春茬田间管理技术

（1）温、湿度管理 定植初期外界气温较低，栽培上应采取多种措施以保温增温，促进缓苗和苗期的生长发育。定植后5～7天内一般不放风，棚内气温白天控制在28～32℃之间，超过30℃可适度放风，夜温保持17℃左右。管理上在夜间宜采用多层覆盖来保温防冻，白天应将覆盖物揭开透光，提升地温。缓苗后白天棚温维持在26～28℃之间，夜温16℃，之后保持白天棚温25～27℃的生长适温，夜温不低于15℃，保持昼夜温差10℃左右。外界温度稳定在13～15℃时要昼夜放风。华北地区一般于4月下旬可撤除草苫，5月棚内夜温达15℃以上时开始昼夜大通风，6月撩起裙膜通大风降温降湿。

大棚内湿度过大影响辣椒散粉和受精，易导致落花落果。辣椒坐果适宜的空气湿度为50%～60%，因此缓苗后在保证生长适温的情况下应加强放风降湿。

【提示】 辣椒塑料大棚早春茬栽培前期管理的难点是保温增温，生产上可采取地膜覆盖＋小拱棚＋二层保温幕帘＋大拱棚的多层覆盖栽培方式，以尽早定植，提早上市。

（2）肥水管理　定植时浇定植水1次，水量不宜过大，以免低温沤根。定植后5～7天浇1次缓苗水，没有覆盖地膜的可在连续中耕2次后进行控水蹲苗。当门椒长至3～4cm大时结束蹲苗，及时浇灌催果肥水，可随水冲施硫酸铵或尿素10～20kg/亩。结果前期可8～10天浇水1次，隔1次水追1次肥，肥量以复合肥10～20kg/亩为宜。盛果期5天左右浇水1次，攻果壮秧，预防“三落”。同时每隔7～10天叶面喷施1次0.1%～0.3%的磷酸二氢钾溶液或叶面微肥。

（3）光照管理　辣椒早春茬生产常遇连阴天气，气温低、湿度大，光照严重不足。此时应以补光而不降温增湿为原则进行管理。通常于上午9：00揭去大棚草苫，下午3：00盖苫。若遇寒流天气较冷时，可在中午前后适时揭苫，以增加光照时间，防幼苗徒长。

（4）中耕培土与除草　没有覆盖地膜的辣椒缓苗后要及时中耕除草。中耕时距根系远处宜深，近处宜浅，生长前期宜浅，中期宜深，后期适中，通常以5～7cm为宜。培土通常在大行中间开一小沟，将沟中的泥土培于植株基部，一般培土高度以5～6cm为宜。

（5）病虫害防治　辣椒主要病虫害有炭疽病、软腐病、青枯病、疫病、病毒病、蚜虫、棉铃虫、烟青虫等。应采取预防为主、综合防治的方针进行防治，提倡采用农业措施防治，同时根据病虫害发生情况对症用药，并应注意药剂的安全间隔期。

（6）采收 当辣椒果实充分膨大，表面具有较好光泽时即可采收。一般品种自开花到商品果采收需要25～30天。在适温条件下，生长10～15天的果实即可上市。长势较弱植株的门椒和对椒宜适当提前采收。长势较强植株可适当留果暂缓采收，可防植株生长过旺。辣椒进入盛果期时可结合当地市场价格，勤收，早收。另外，采收时动作要轻，避免碰伤碰断枝条。

2. 辣椒秋延迟茬田间管理技术

辣椒秋延迟栽培应注意抓好定植后生长前期的肥水管理，争取于9月下旬～10月上旬坐稳果，10月中旬～11月上旬采收，华北地区和长江中下游地区分别于11月上旬和下旬采收完毕。生产管理要点如下：

（1）前期管理 以降温防病，促进坐果为主。定植后至9月之前，环境温度较高，光照强烈，对辣椒生长不利。可采取遮阴或浇水的方法降温防病。浇水宜小水勤浇，并结合浇水进行追肥，追肥也应少量多次，一般每次亩施复合肥5～10kg。并根据植株长势情况及时打去门椒以下侧枝或摘除门椒，以利于集中坐果。植株长势过旺不易坐果时可叶面喷施助壮素抑制徒长。

【注意】 高温季节栽培辣椒不宜追施人粪尿或偏施氮肥，否则易引发落叶或茎叶徒长。

（2）中期管理 以促果实膨大，扣棚增温为主。9～10月间是辣椒生长适期，应加强肥水管理促果实膨大。具体肥水管理可参考本节早春茬栽培。随气温下降应及时进行保温管理。华北地区前期未扣棚辣椒须于9月中下旬扣棚，扣棚时间过早或过晚均不利于辣椒生长。扣棚后棚温保持白天28～30℃，夜间15～17℃，棚温升到30℃时要及时通风降温。当9月下旬气温降到20℃时，夜间闭棚保温，仅在白天放风。进入10月后尽量少追肥水，10月中旬可摘除无效枝、嫩梢和花蕾。

（3）后期管理 以保温防冻和适时采收为主。秋延迟辣椒生育后期气温急剧下降，辣椒生长基本停止，应加强防寒保暖，避免发生冷害或冻害。华北地区于10月底～11月初，长江中下游地区于11

月中旬后，棚外夜间气温可降至5℃，可采取加盖草苫或大棚内套小拱棚的方法进行保温，保证棚内夜温不低于8℃。此期如果棚内出现旱情，可浇小水，并随水冲施磷酸二铵15kg/亩，促果实膨大。

（4）采收 果实达到商品成熟要及时采收，但也要注意弱株早采、重采，旺株晚采、轻采，防止坠秧和徒长。也可以根据市场的需求，人为控制采收时间，在低温上冻之前采收完毕。

第三节 辣椒日光温室栽培技术

日光温室栽培辣椒（彩图5）可在春节前、早春、初夏蔬菜淡季供应市场，季节性差价大，经济效益好，是近年来我国辣椒设施栽培发展的重要方向。但辣椒属喜温蔬菜，冬季低温对辣椒开花授粉影响较大，易出现落花落果、畸形果、单性结实等现象，生产上应采取多种技术措施确保辣椒高产优质。

日光温室栽培辣椒茬口安排灵活，常见茬口有早春茬、冬春茬、秋冬茬、越冬茬等，其中以越冬茬栽培持续时间最长，管理难度较大，本节主要介绍日光温室越冬茬辣椒栽培技术。

一 品种选择

应选用耐低温弱光、抗病性强、商品性好的丰产品种。北方日光温室越冬茬辣椒建议品种主要有：红英达、红罗丹、皇太极、中椒系列、彩椒系列、百圣辣椒等，具体品种选择可根据当地市场和经验判断确定。

二 培育适龄壮苗

越冬茬辣椒适宜播期为7月下旬~8月上旬，苗龄50天左右。具体技术方法参照第五章辣椒育苗技术。

三 定植前的准备

1. 土壤和棚室环境消毒

日光温室多属连作地块，应结合翻地每亩施入20%地菌灵可湿性粉剂、50%多菌灵可湿性粉剂或70%甲基硫菌灵可湿性粉剂3kg灭菌。线虫发生地块应在翻地前撒施10%噻唑磷颗粒剂2~5kg/亩或

5%阿维菌素颗粒剂 3~5kg/亩防治。定植前 5~7 天于傍晚时间每亩点燃百菌清烟剂 200~250g 或硫黄 500g，然后闷棚，进行棚室环境消毒，定植前通风换气。

2. 整地、施肥

越冬茬辣椒由于生长周期长，因此应施足基肥。定植前半个月结合整地亩施优质厩肥 7500~10000kg、磷酸二铵 40kg、过磷酸钙 75~100kg、硫酸钾 20~30kg 和饼肥 50~100kg（采取普施和沟施相结合的施肥方法）。

本茬辣椒宜采用高畦覆膜或小高垄覆膜栽培模式，地膜下可安装塑料软管滴灌设备（图 7-6）或采用膜下暗灌技术（图 7-7）。一般采取单株定植，大小行栽培，大行距 60~80cm，小行距 35~45cm，畦（垄）高 15~25cm。

图 7-6　高畦（垄）滴灌栽培

图 7-7　小高垄膜下暗灌

3. 垄间铺设远红外电热膜

为防止辣椒低温沤根，可在种植垄沟间垂直铺设 10cm 宽双面散热远红外电热膜，以功率每平方米 110W 为宜，基本可以满足辣椒整个寒冷季节根部夜温需求，效果良好。

4. 栽培垄下铺设秸秆发酵反应堆

温室定植垄下铺玉米或花生秸秆和秸秆反应堆专用菌肥后，秸秆在分解过程中产生二氧化碳气肥和热量，可以有效提高地温，改善土壤理化结构，提高作物抗逆性，减少土传病害发生，辣椒产量和品质均可提高，并可提前上市，因此辣椒越冬茬生产提倡应用秸秆反应堆发酵技术（图 7-8）。

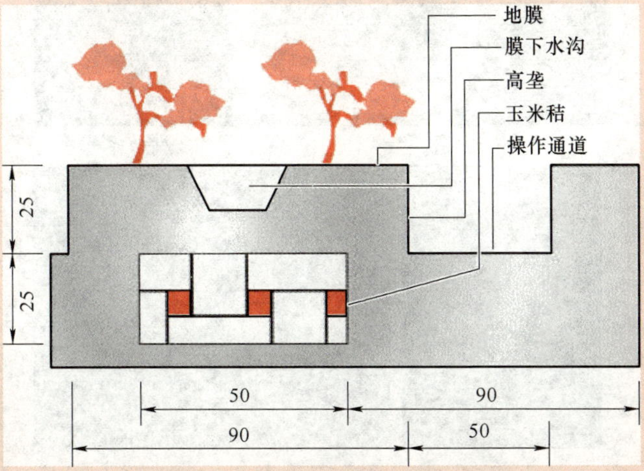

图 7-8　秸秆发酵反应堆（单位：cm）

秸秆反应堆发酵技术要点如下：

（1）反应材料　每亩温室需秸秆 4000kg 和菌种 8～10kg。将菌种均匀混入 25kg 麦麸中，加水均匀搅拌至手轻握不滴水为宜。

（2）操作步骤　在预定定植垄下开沟，宽 50～60cm，深 25～30cm。将玉米秸秆铺入沟中，踏实，厚度约为 30cm。将麦麸拌好的菌种均匀撒于秸秆上，轻拍秸秆，让菌种与下层秸秆均匀接触。然后在秸秆上方覆土 10cm，将覆土踏实后，保留畦埂，并顺沟浇透水。水完全渗下后，在反应堆位置上方做 60cm 宽双高垄，结合做垄条施化肥。然后覆盖地膜，覆膜 10～15 天后反应堆开始启动，选择“寒尾暖头”天气及时定植并打孔。定植后用 ϕ14mm 钢筋在垄上间隔 20cm 打孔，以穿透秸秆层为准，便于通气散热。如图 7-9 所示。

图 7-9　秸秆反应堆发酵技术

【提示】 在沟内铺设秸秆时厚度应均匀一致，以免秸秆腐烂后畦面不均匀下沉造成浇水困难，如果将其与滴灌技术结合则可解决上述问题。劳动力不足时，可将粉碎秸秆撒盖麦麸菌种后结合整地并翻于地下，方可起到一定效果。

四　定植

可采用双株错位定植，株距 35 ~ 45cm，每亩定植 2500 ~ 3000 株。晴天上午定植，栽苗深度以苗坨表面略低于垄面或畦面为宜，过深易感染疫病等土传病害，过浅不利于发根和缓苗。定植后及时浇定植水。地膜覆盖可采取先覆膜后定植方法，也可采用先定植缓苗后再“苗侧套盖”的方法进行。

五 定植后的管理

1. 肥水管理

定植时浇灌定植水和缓苗水，之后适当控水促坐果。第一层果长至3cm大时及时浇水，并随水冲施催果肥，施肥量为尿素20kg/亩和硫酸钾8kg/亩或复合肥20kg/亩。

12月下旬~2月中下旬为低温弱光期，应尽量减少浇水，一般10~15天浇1次水，冬季应选择连续晴天的“暖头”浇水，以浇小水为宜。开春后温光条件好转，一般每周浇水1次，土壤相对含水量保持60%~70%为宜。隔1水追肥1次，肥量为磷酸二铵、复合肥等化肥15kg/亩，可酌情配施硫酸钾15~20kg/亩。同时，可隔1~2周喷施1次叶面微肥或0.2%磷酸二氢钾或尿素溶液。

【注意】 温室水分管理要谨防地表湿润而深层实际缺水的现象。灌水的间隔天数和灌水量要依据土质、植株长势综合判断，如灯笼果甜椒顶部变尖或表面出现皱褶，则表明水分不足，应及时灌水。同时，亦应避免浇水过多引发植株徒长（图7-10）。

徒长株叶片形态（不易坐果）

健壮株叶片形态（易坐果）

图7-10 辣椒植株叶片形态

近年来，硅肥在辣椒生产上的应用呈增加趋势，为让辣椒种植朋友了解硅肥的基本特点和用法，本节简要介绍常见硅肥的施用技术。

（1）硅肥对蔬菜的生理作用 硅肥已被国际土壤学界确认为是继氮、磷、钾之后的第四种植物营养元素，具有较好的增产、抗病、抗逆的作用，称为保健元素。其主要生理作用如下。

1）吸收硅元素后植株叶片、叶鞘等可形成“胶质—双硅层”，细胞壁增厚，从而显著增强对病虫害的抗性水平。

2）影响对氮、磷、钾及微量元素的吸收。

3）调节植物光合作用和蒸腾作用。

4）提高植物抗倒伏和抗寒性。

5）增强植物对病害的抗性水平。如辣椒猝倒病、白粉病等。

6）具有较好的增产和改善品质的效果。如辣椒、西瓜果皮硬度增加，光亮度增加等。

（2）现有硅肥的分类和特点

1）根据原料来源和有效硅含量，可将其分为高效硅肥和熔渣硅肥两类。

① 高效硅肥：由水玻璃或石英砂和碳酸钠在高温下反应生成，主要成分是硅酸钠和偏硅酸钠的混合物，水溶性，有效硅质量分数可达50%～60%。

② 熔渣硅肥（包括炉渣硅钙肥、粉煤灰硅钙肥等）：主要指用钢渣、炉渣、粉煤灰等工业废渣生产的硅肥，多为难溶性，有效硅质量分数可达10%～35%。

2）按硅素的溶解性，硅肥又可分为水溶性硅肥和难溶性硅肥2类。

① 水溶性硅肥：主要是硅酸钠盐和硅酸钾盐，有效硅含量较高，具有速效性，但施入土壤后易淋失，肥效短。

② 难溶性硅肥：主要是硅酸钙盐，有效硅含量较低，具有迟效性，施入土壤后硅释放较缓慢，肥效长，如偏硅酸钙的施用量为100kg/亩，其残效可达4年以上。

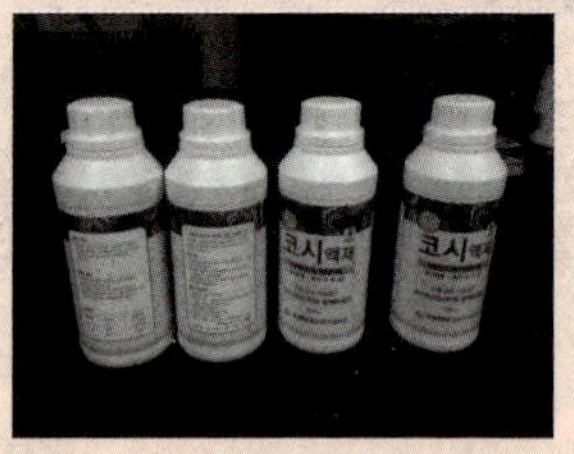

图7-11　离子硅酸水溶肥

（3）水溶性硅酸盐的用法介绍　以“高喜宝”离子硅酸水溶肥（每隔10～15天施用1次）为例，如图7-11所示。

1）育苗期：1500倍液叶面喷施（预防立枯病，促进根部发育和促进生根）。

2）生长期：1000 倍液叶面喷施（促进生根，预防各种霉菌病，增强光合作用）。

3）收获期：1000 倍液叶面喷施（增加收获量，提高保鲜耐储性，增加糖度）。

2. 施用二氧化碳气肥

二氧化碳（CO_2）是作物进行光合作用的重要原料。大气中的二氧化碳含量约为 300mg/kg，但日光温室在栽培前期温度较低，通风换气时间较短，因此，除夜间外，棚室内二氧化碳常处于亏缺状态，影响了辣椒光合作用的正常进行和同化物的积累。人工施用二氧化碳气肥对辣椒增产可起到一定作用。

当前，温室施用二氧化碳气肥技术主要有 4 种：①利用新鲜马粪发酵产生二氧化碳，一般每平方米堆放 5～6kg；②燃烧丙烷产生二氧化碳，每 600m^2 棚室面积燃烧 1.2～1.5kg 丙烷可使棚内二氧化碳含量提至 1.3mL/L，可根据棚室面积确定燃烧丙烷量；③利用焦炭二氧化碳发生器产生二氧化碳，焦炭充分燃烧释放二氧化碳；④最常用的方法是在塑料容器中放置稀盐酸和石灰石（碳酸钙）或者稀硫酸和碳酸氢钠，通过化学反应产生二氧化碳。

二氧化碳气肥施用适期为辣椒果实膨大期。在上午 10：00 植株光合作用接近最高点时施用，施用最佳含量为 0.75～1.0mL/L，通风前 30min 停止。一般 1 天施放 1 次，一次施用 2～3h 即可基本满足植株光合需求。如果遇阴雨天应停施 CO_2 气肥。

【注意】 在施用二氧化碳气肥的同时，应注意防止棚室内有害气体积累对植株生长造成的损害。管理上应采取通风换气措施，保持棚内气体新鲜。

【提示】 辣椒产量与叶片光合作用直接相关，叶片光合作用受棚室温度、光照、二氧化碳浓度等多种环境因素影响，单一因素改善未必能显著增产。因此，采取二氧化碳施肥技术应在本地棚室内先行试验，确有增产效果后再推广。

3. 温度管理

定植缓苗前棚内温度不超过32℃无须放风，白天最高温度保持在30～32℃，夜温控制在18～20℃，不低于15℃，夜间最低地温保持在15℃，缓苗期需要5～7天。缓苗后白天温度保持在25～28℃，夜温17℃左右，地温16℃以上，有利于花芽分化和发育。结果期适温白天为25～27℃，夜温12～18℃。定植初期外界气温较高，应早揭晚盖草苫。深冬季节注意保温，尽量使夜温不低于13～15℃，白天超过30℃时于中午前后放风降温排湿。3月中旬后，逐渐加强放风，避免高温危害。

1）温度调控主要通过揭盖保温被和通风进行。主要措施如下：

① 上午阳光照射前屋面，揭苫后温度不快速下降时应及时揭苫换气、散湿。

② 大风、雨雪、阴天等不良天气揭苫后温度明显下降可不揭苫，但应在中午前后短时揭盖草苫通风、降湿，并及时除雪。

③ 阴雨天连续5～7天骤然放晴，可采用揭晒“花苫”或“回头苫”方法防止植株失水萎蔫。

④ 应用卷帘机的温室，可先将草苫卷至温室棚膜中部，半小时后再逐渐将草苫卷至顶部。

2）极寒天气下应采用辅助设施增温和保温。主要包括以下几种方式：

① 在种植垄沟内埋设远红外电热膜进行人工增温，可有效提升地温，防止辣椒沤根。

② 盖草苫或保温被后在其上再覆盖一层废旧“浮薄膜”，防雨保温，如图7-12所示。

图7-12　浮薄膜

③ 定植垄上加设大拱棚，拱棚内铺设地膜，地膜采取全地面覆盖方式或在操作行间覆草。

④ 植株吊引枝条后可在其上方适当位置拉设薄农膜作为二层保温幕，通过以上多层覆盖方法进

行保温。

4. 湿度管理

辣椒适宜的空气湿度一般为相对湿度60%～80%，湿度过小不利于坐果，湿度过大易造成花期延迟，病害多发，品质下降。

主要的降湿措施如下：

1）采用无滴膜。

2）浇水后根据天气情况及时加大通气排湿量。

3）进入结果盛期适当加大排气量。

4）外界温度稳定在13～15℃时可进行昼夜通风。

5. 光照管理

日光温室在冬季光照条件较差，应采取措施增加室内光照强度和光照时间。主要措施如下：

1）采用无滴PVC膜或EVA膜作为透明覆盖材料，并经常保持膜面清洁。

2）在满足室内温度的情况下，草苫或保温被应尽量早揭晚盖，延长透光时间。必要时，可采用沼气灯、高压钠灯或LED灯补光。

3）保温条件好的温室还可在室内北墙增挂镀铝反光幕，以增加温室后部光照。

4）采取室内全地面地膜覆盖或操作行间覆草、膜下暗灌、适时通风换气等措施降低室内湿度，减少光线衰减。

5）及时打去老叶和不需要的侧枝等改善冠层光照。

6. 植株调整

（1）吊引枝条 一般是在定植后20天左右，在每株主茎上吊塑料绳，吊绳高度不低于2m，分别系于两主茎处。吊引角度视植株长势而定，株势旺时，可放松些，将主茎的生长点向外侧稍微横向牵拉；因坐果而造成生长势衰弱的枝条，可通过疏果整枝，调节两个主茎生长点平衡生长。一般每周吊绳环绕一次。

（2）整枝 温室栽培辣椒一般采用三干整枝或四干整枝。

1）三干整枝：植株长至8～10片真叶时，叶腋抽生3～5个分枝，只保留其中3个健壮主枝，抹去主枝40cm以下的侧芽，保留每一主枝两个次生枝中的一条粗壮侧枝作为结果枝。另一侧枝留2片真叶摘心，将相对较弱的侧枝和次生枝全部打掉（图7-13）。植株下部的病、老、黄叶也要及时摘除。生长中后期，还要把重叠枝、拥挤枝、徒长枝剪除一部分，使枝条疏密得当。这种整枝方式在温室一年一大茬生产中应用比较合适，植株长势旺盛和坐果率高的品种应用效果佳。

2）四干整枝：也叫双杈整枝法，是指在去掉门椒后，对椒已坐果时，保留四门斗椒上的4对分枝中的一条粗壮侧枝作为结果枝。其余侧枝上部留2片叶打顶。以后随着植株不断分杈，需要不断地进行打杈，始终保持整个植株留有4个枝条不断向上生长（图7-14）。

图7-13　辣椒三干整枝

图7-14　辣椒四干整枝

3）整枝注意事项：门椒下的侧枝应及早全部抹掉。选择暖天上午整枝，不要在阴天或傍晚整枝，以免抹杈后的伤口不能及时愈合，引发病害。抹杈不要太早，宜待侧枝长到10～15cm长时开始抹杈。从侧枝基部1cm左右处将侧枝剪掉，留下部分短茬保护枝干，勿紧贴枝干抹杈，避免伤口染病后感染枝干或留下疤痕。要用剪刀或快刀将侧枝从枝干上剪掉或割掉，不要硬折硬劈。抹杈时的动作要轻，不要拉断条，也不要折断枝条或损伤叶片。辣椒的侧枝生长较快，要勤抹杈，一般每3天左右抹杈1次。抹杈后，可视情况喷施噁霜·猛锌或代森锰锌灭菌。坐果的中后期可将下部已经采收果实后的侧枝全部摘除，以利于通风透光。

（3）疏花疏果　辣椒的果实比较大，如果植株上保留果实太多，势必影响果实的大小，因此必须进行疏花疏果，主要是疏掉畸形果，以保持获得整齐、较大、颜色均匀的果实。

（4）蘸花保果　开花初期辣椒常因低温落花，可辅助采用

2.5%~3.0%沈农2号丰产剂蘸花保果。

六 采收

果实达到商品成熟时要及时采收，但也要注意弱株早采、重采，旺株晚采、轻采，防止坠秧和徒长。也可以根据市场的需求，人为控制采收时间。

第四节 辣椒连作栽培技术

连作病害（又称重茬病害）是指因同一作物在同一地块长期耕种所带来的病害，包括因连作而导致土壤营养物质不平衡等原因引起的生理性病害，以及因病原菌发生严重而导致的病理性病害，从而对作物正常生长形成障碍。辣椒经多年连作即发生连作障碍，可造成减产20%~50%，严重地块甚至高达70%，同时辣椒品质严重下降。因此，在辣椒栽培上应采取多种技术措施克服连作障碍，以确保持续增产增收。

一 辣椒连作障碍的产生原因

1. 病原微生物传播和积累

连作土壤中土传性病原菌积累较多，特别是疫病、炭疽病等病源物的积累，容易发生病害。

2. 土壤矿物质营养元素缺乏

辣椒连作对土壤氮、磷、钾等营养元素的不均衡消耗，易造成土壤必需矿物质营养含量降低和失去平衡，致使植株正常的生长发育因矿质营养缺乏受到影响。

3. 土壤理化性质改变

常年连作可改变土壤耕层结构，造成土壤板结，酸化、盐渍化加重，土壤的理化性状恶化不利于作物根系的正常生长。

4. 作物自毒作用

前茬辣椒残茬腐解物有利于病原微生物的生长和繁殖，从而加重了重茬病理性病害的发生和危害。此外，前茬辣椒根系的某些分泌物具有自毒性，能够抑制作物自身的生长。

二 辣椒连作障碍的克服

1. 农业措施

(1) 选用抗病品种 尤其棚室栽培辣椒应选用抗病、抗逆、高产优质的品种，如陕椒2003、岐椒981、海明2号、中寿12号、皇太极等，具体品种选择还应根据当地市场及生产经验判断。

(2) 嫁接育苗 目前辣椒嫁接育苗推广面积不大，应着力选育抗病和亲和力强的辣椒砧木，推广应用嫁接苗是克服连作障碍的重要措施之一。

(3) 轮作换茬 重病地可与禾本科、豆科、十字花科或葱蒜类作物轮作3~4年。或者进行倒垄，即连作田起垄时避开上一年的位置，可相对减少病害。

(4) 适当深耕 深耕宜打破犁底层，耕深25cm以上。生产上宜冬前深耕，若结合进行冬灌效果更好。

(5) 配方施肥 在测土基础上根据辣椒的养分需求规律合理配方施肥，适当增施微量元素。微量元素的补给是解决重茬栽培土壤矿物质营养含量降低和失去平衡的重要手段。已发生酸化的土壤可每亩用石灰粉50kg左右与细土混匀施于定植沟内调整pH近中性。

(6) 增施有机肥 有机肥肥效缓慢，但养分全面，辣椒生产上提倡重施有机肥。一般地力可每亩施优质圈肥8000kg、鸡粪500kg（鸡粪须用辛硫磷喷拌，农膜覆盖堆放7天）或进行小麦、玉米或油菜等作物秸秆还田。秸秆还田可以有效改善土壤理化性状，减缓土壤次生盐渍化，增加土壤保肥蓄水能力，还能起到强化微生物相克的作用，对防治和抑制有害菌效果很好。有条件的地区还可推广应用秸秆反应发酵堆技术。

(7) 精细管理 田间管理上应科学浇水，通风排湿，合理温度管理，采用高垄覆膜、膜下暗灌技术以及合理整枝，及时摘除病叶、病果，清除杂草等。

(8) 推广有机生态型无土（有机基质无土）栽培模式 该栽培模式的显著特点在于植株生长发育完全与土壤隔离。有机基质无土栽培技术在棚室辣椒生产上应用，可消除辣椒连作障碍危害。

2. 物理防治

(1) 物理防虫 夏季利用防虫网防虫和遮阳网遮阴、降温。根据昆虫的趋黄性、趋蓝性和趋光性等特点，可在棚室内悬挂黄板、蓝板或黑光灯等诱杀成虫，以减轻病虫害传播的途径。

（2）高温闷棚 定植前高温闷棚对霜霉病、疫病等主要病害病原菌有很好的杀灭作用。方法：选晴天上午浇水后闭棚，待棚温达46～48℃后，持续2h，之后开始慢慢打开风口，闷棚后应加强肥水管理。

3. 化学防治

（1）种苗处理 对可能带菌的种子必须进行种子消毒。播种前，先把种子用清水浸泡10～12h后，再用1%硫酸铜溶液浸种5min或1%高锰酸钾溶液浸种20min，捞出后拌少量草木灰或消石灰，使其成为中性再播种。也可用55℃温水浸种30min后，移入冷水中冷却再催芽。详细种子消毒方法参见第五章辣椒育苗技术。

幼苗蘸根：辣椒幼苗定植前可用30%噁霉灵可湿性粉剂600～800倍液蘸根防苗期死棵。

（2）育苗基质消毒 已消毒育苗基质无须处理，育苗营养土则需播前消毒，具体方法参见第五章辣椒育苗技术。

（3）棚室消毒 可用45%百菌清烟剂、霜脲·锰锌烟剂或噁霜·锰锌（杀毒矾）烟剂250～350g/亩，傍晚闭棚后均匀点燃，第二天早晨放风排烟以杀灭病菌，每7～10天熏烟1次，连熏2～3次。也可在闷棚后采用10%敌敌畏烟熏剂、15%吡·敌畏烟熏剂、10%灭蚜烟熏剂或10%氰戊菊酯烟熏剂等300～500g/亩杀灭虫害，每7～10天熏烟1次，连熏2～3次。

（4）土壤处理 定植起垄前，对棚内土壤和棚面用30%噁霉灵可湿性粉剂2000倍液或50%多菌灵可湿性粉剂500倍液加800倍液辛硫磷喷洒地表和棚面，进行杀菌灭虫。或者每亩穴施50%多菌灵可湿性粉剂3～4kg，并与土拌匀。

（5）病虫害综合防治 辣椒生育期间病虫害防治应坚持“预防为主，综合防治”的植保方针，具体方法参照第十章辣椒病虫害诊断与防治技术。

4. 生物防治

（1）天敌防虫 可利用有益天敌草蛉、丽蚜小蜂、捕食螨等防治多种虫害。

（2）选用抗重茬剂 辣椒田常用抗重茬剂有重茬1号、重茬EB、重茬灵、抗击重茬、CM亿安神力、泰宝抗茬宁及“沃益多”生物菌剂等。辣椒常用抗重茬剂作用特点与施用技术见表7-1。

表7-1 辣椒常用抗重茬剂作用特点与施用技术

名称	剂型	作用特点	施用方法
重茬1号	微生物菌剂，集氮、磷、钾、微量元素活化为一体	抑制病菌，抗病害；活化养分，营养全面；疏松土壤，改善土壤环境；促根壮苗，提质增产	①拌种：种子用清水浸湿，捞出控干后，将药剂撒在种子上拌匀，阴干后播种。②药剂拌土或拌肥，均匀撒于种子沟或全田撒施。③灌根：药剂用水稀释后，喷雾器去喷嘴灌根或随水冲施
重茬EB	纯生物制剂	含多种有益微生物，可疏松土壤，活化养分；抑制有害病菌，抗重茬，提高作物免疫力，使辣椒少得或不得重茬病	每亩用2kg与细土拌匀后撒施
重茬灵	生物叶面肥	内含多种有益活性菌群、脂类、糖类、抗生素及植物生长促进物质，兼有营养、抗病双重功效，一般增产30%	每亩用100mL兑水稀释成800～1000倍液叶面喷施，每7～15天喷1次，共喷2～4次。喷雾要均匀，以叶面有水滴为度
“沃益多”生物菌剂	纯生物制剂	产生多种活性酶类，可作用于根系刺激根系分泌抗生素等大量代谢物和次生代谢物；可有效干扰根结线虫、真菌和细菌等土传病虫害的正常代谢；调节土壤pH趋中性；有利于土壤团粒结构形成和植物自身抗病机制增强	施用前，加沃益多营养液激活3天，用水稀释至30kg，加适量甲壳素诱导

（续）

名　称	剂　型	作用特点	施用方法
抗击重茬	含微量元素型多功能微生物菌剂	活化土壤，改良品质；抑菌灭菌，解毒促生；平衡施肥，提高肥效；增强抗逆，助长促产	可作种肥或追肥，每亩用量1～2kg
泰宝抗茬宁	生物制剂	可杀菌抑菌，提高肥料利用率，调节土壤pH，疏松土壤防板结，促进根系发育等	可用0.25%拌种、50:1土药混拌撒施或药剂500倍液灌根或冲施
CM亿安神力	复合微生物制剂	可改善土壤理化性质，抑菌杀虫，提高作物光合作用等	①蘸根、浸种：用100mL亿安神力菌液加水3L（30倍稀释）逐株蘸根，即蘸即栽。②用药剂500倍液灌根

【注意】 辣椒定植前土壤消毒与施用生物抗重茬剂或生物菌肥不宜同时进行，以免有害和有益微生物菌同时被杀灭，降低作用效果。

第八章

有机辣椒栽培技术

随着生活水平的提高，人们对农产品质量安全和农业产区的生态环境健康问题日益关注。而有机农业经过几十年的发展和生产实践则顺应了改善农业生态环境、生产优质无污染有机食品的世界潮流而日益受到重视。有机农产品正在成为人们的消费时尚，发展有机农业是解决食品安全问题的有效途径之一，市场应用前景广阔。

有机农产品是根据有机农业原则和有机农产品生产方式及标准生产，并通过有机食品认证机构认证的农产品，属纯天然、无污染、安全营养的食品，也称“生态食品”。有机辣椒生产则是按照有机农产品的生产环境、质量要求和生产技术规范进行生产，以保证无污染、富营养和高质量的特点。在辣椒生产的整个过程中禁止使用化学农药、化肥、植物生长调节剂等人工合成物质，不使用基因工程技术产品。在生产和流通过程中有完善的跟踪审查体系和完整的生产和销售记录档案，还必须经过独立的有机食品认证机构的认证审查和全过程的质量控制。

因此，采用严格、高效的有机蔬菜栽培技术生产优质、高产、无污染的辣椒产品对于满足人们的生活需求，提升辣椒产值和效益具有积极作用。有机辣椒生产的难点是在不施用化肥和化学合成农药的前提下获得高产和优质，因此在实际生产中应采取综合管理措施方能达到预期效果。

第一节　有机蔬菜的生产定义和生产标准

一 定义

有机蔬菜是指在蔬菜生产过程中严格按照有机生产规程，不使用任何化学合成的农药、肥料、除草剂和生长调节剂等物质，以及不使用基因工程生物及其产物，而是遵循自然规律和生态学原理，采取一系列可持续发展的农业技术，协调种植平衡，维持农业生态系统持续稳定，且经过有机食品认证机构鉴定认证，并颁发有机食品证书的蔬菜产品。中国有机产品标志如图 8-1 所示。

图 8-1　中国有机产品标志

二 生产基地环境要求和标准

（1）基地选择标准　根据国家最新的关于有机产品标准的要求，有机蔬菜生产基地应选择空气清新、土壤有机质含量高、有良好植被覆盖的优良生态环境，避开疫病区，远离城区，工矿区，交通主干线，工业、生活垃圾场，重金属及农药残留污染等污染源。要求选择地势较高、易排水、土层深厚肥沃、有效土层达 60cm 以上、土壤排水通气性能良好、有益微生物活性强、有机质含量大于 15g/kg 的生产土壤。基地土壤环境质量须符合国家二级标准，农田灌溉用水水质符合Ⅴ类标准，环境空气质量标准要求达到二级标准。辣椒有机栽培土壤环境质量标准、农田灌溉水标准、大气污染物浓度限值见表 8-1、表 8-2 和表 8-3。

表 8-1　土壤环境质量标准值　（单位：mg/kg）

级　别	一　级	二　级			三　级
土壤 pH	自然背景	<6.5	6.5~7.5	>7.5	>6.5
项目					
镉≤	0.20	0.30	0.60	1.0	

（续）

级　别	一　级		二　级		三　级
汞≤	0.15	0.30	0.50	1.0	1.5
砷 水田≤	15	30	25	20	30
砷 旱地≤	15	40	30	25	40
铜 农田≤	35	50	100	100	400
铜 果园≤	—	150	200	200	400
铅≤	35	250	300	350	500
铬 水田≤	90	250	300	350	400
铬 旱地≤	90	150	200	250	300
锌≤	100	200	250	300	500
镍≤	40	40	50	60	200
六六六≤	0.05		0.50		1.0
滴滴涕≤	0.05		0.50		1.0

注：1. 重金属（铬主要是三价）和砷均按元素量计，适用于阳离子交换量>5cmol(+)/kg的土壤，若阴离子交换量≤5cmol(+)/kg，其标准值为表内数值的半数。

2. 六六六为四种异构体总量，滴滴涕为四种衍生物总量。

3. 水旱轮作地的土壤环境质量标准，砷采用水田值，铬采用旱地值。

表 8-2　农田灌溉水质标准

序号	项　目	水　作	旱　作	蔬　菜
1	生化需氧量/(mg/L)≤	80	150	80
2	化学需氧量/(mg/L)≤	200	300	150
3	悬浮物/(mg/L)≤	150	200	100
4	阴离子表面活性剂/(mg/L)≤	5.0	8.0	5.0
5	凯氏氮≤	12	30	30
6	总磷（以P计）/(mg/L)≤	5.0	10	10

（续）

序号	项　目	水　作	旱　作	蔬　菜
7	水温/℃≤	35	35	35
8	pH	5.5～8.5	5.5～8.5	5.5～8.5
9	全盐量/(mg/L)≤	1000（非盐碱土地区），2000（盐碱土地区），有条件的地区可以适当放宽	1000（非盐碱土地区），2000（盐碱土地区），有条件的地区可以适当放宽	1000（非盐碱土地区），2000（盐碱土地区），有条件的地区可以适当放宽
10	氯化物/(mg/L)≤	250	250	250
11	硫化物/(mg/L)≤	1.0	1.0	1.0
12	总汞/(mg/L)≤	0.001	0.001	0.001
13	总镉/(mg/L)≤	0.005	0.005	0.005
14	总砷/(mg/L)≤	0.05	0.1	0.05
15	铬（六价）/(mg/L)≤	0.1	0.1	0.1
16	总铅/(mg/L)≤	0.1	0.1	0.1
17	总铜/(mg/L)≤	1.0	1.0	1.0
18	总锌/(mg/L)≤	2.0	2.0	2.0
19	总硒/(mg/L)≤	0.02	0.02	0.02
20	氟化物/(mg/L)≤	2.0（高氟区） 3.0（一般地区）	2.0（高氟区） 3.0（一般地区）	2.0（高氟区） 3.0（一般地区）
21	氰化物/(mg/L)≤	0.5	0.5	0.5
22	石油类/(mg/L)≤	5.0	10	1.0
23	挥发酚/(mg/L)≤	1.0	1.0	1.0
24	苯/(mg/L)≤	2.5	2.5	2.5
25	三氯乙醛/(mg/L)≤	1.0	0.5	0.5
26	丙烯醛/(mg/L)≤	0.5	0.5	0.5

（续）

序号	项　目	水　作	旱　作	蔬　菜
27	硼/(mg/L)≤	1.0（对硼敏感作物，如马铃薯、笋瓜、韭菜、洋葱、柑橘等）；2.0（对硼耐受性作物，如小麦、玉米、青椒、小白菜、葱等）；3.0（对硼耐受性强的作物，如水稻、萝卜、油菜、甘蓝等）	1.0（对硼敏感作物，如马铃薯、笋瓜、韭菜、洋葱、柑橘等）；2.0（对硼耐受性作物，如小麦、玉米、青椒、小白菜、葱等）；3.0（对硼耐受性强的作物，如水稻、萝卜、油菜、甘蓝等）	1.0（对硼敏感作物，如马铃薯、笋瓜、韭菜、洋葱、柑橘等）；2.0（对硼耐受性作物，如小麦、玉米、青椒、小白菜、葱等）；3.0（对硼耐受性强的作物，如水稻、萝卜、油菜、甘蓝等）
28	粪大肠菌群数/(个/L)≤	10000	10000	10000
29	蛔虫卵数/(个/L)≤	2	2	2

表 8-3　GB 3095—2012 大气中各项污染物的浓度限值

污染物名称	平均时间	浓度限值		浓度单位
		一　级	二　级	
二氧化硫	年平均	60	60	$\mu g/m^3$
	24h 平均	50	150	
	1h 平均	150	500	
二氧化氮	年平均	40	40	
	24h 平均	80	80	
	1h 平均	200	200	
一氧化碳	24h 平均	4	4	mg/m^3
	1h 平均	10	10	

（续）

污染物名称	平均时间	浓度限值		浓度单位
		一级	二级	
臭氧	日最大 8h 平均	100	160	
	1h 平均	160	200	
颗粒物（粒径≤10μm）	年平均	40	70	
	24h 平均	50	150	
颗粒物（粒径≤2.5μm）	年平均	15	35	
	24h 平均	35	75	
总悬浮颗粒物	年平均	80	200	
	24h 平均	120	300	$\mu g/m^3$
氮氧化物	年平均	50	50	
	24h 平均	100	100	
	1h 平均	250	250	
铅	年平均	0.5	0.5	
	季平均	1	1	
苯并芘	年平均	0.001	0.001	
	24h 平均	0.0025	0.0025	

（2）确立转换期 有机辣椒生产转换期一般为 3 年。新开荒、撂荒或有充分数据说明多年未使用禁用物质的地块也至少需 1 年转换期。转换期的开始时间从向认证机构申请认证之日起计算，转换期内必须完全按照有机生产要求操作，转换期结束后须经认证机构检测达标后方能转入有机辣椒生产。

有机辣椒生产基地须具备一定的规模，一般种植面积不小于 150 亩。生产基地土地应是完整地块，其间不能夹有进行常规生产地块，但允许夹有有机转换地块，且与常规生产地块交界处须界限明显，如在交界处设河流、沟渠等。

【注意】 如果有机辣椒生产基地中有的边缘地块有可能受到邻近常规地块污染的影响，则必须在有机和常规地块之间设置10m左右宽的缓冲带或物理障碍物，以保证有机地块不受污染。

（3）合理轮作 辣椒忌连作，其有机生产基地应避免与茄科作物（茄子、土豆、番茄、烟草）连作，宜与禾本科、豆科作物或绿肥等轮作换茬。如棚室越夏茬口可安排轮作甜玉米、糯玉米等，也可获得较好收益。前茬收获后，应彻底清理田间环境，清除田间病残体，集中销毁或深埋，减少病虫基数。

（4）设置缓冲带 有机辣椒生产基地与常规生产地块相邻时需在基地周围种植8～10m宽的高秆作物、乔木或设置物理障碍物作为缓冲带，以保证有机辣椒种植区不受污染和防止临近常规地块施用化学物质的漂移。

（5）棚室清洁与基地生态保护 有机辣椒生产过程中，要求不造成环境污染和生态破坏。所以在每茬辣椒和作物收获后都要及时清理植株残体，彻底打扫、清洁基地，将病残体全部运出基地外销毁或深埋，以减少病虫基数。可将秸秆收集后入沼气池发酵处理，沼渣和沼液分别作为有机肥和冲施肥施用，使秸秆等农业有机物100%被循环利用。农膜等不能降解的废弃物要100%回收并加以利用。此外，在栽培过程中，要及时清除落蕾、落花、落叶、落果、整枝时剪下的枝蔓以及病虫株、病残株和杂草，消除病虫害的中间寄主和侵染源等。

三 有机辣椒的施肥技术原则

有机辣椒不论育苗还是田间生产期间肥水管理均应按照有机蔬菜生产标准进行，基本要点如下。

（1）禁用化肥 可施用：有机肥料，如粪肥、饼肥、沼肥、沤制肥等；矿物肥，包括钾矿粉、磷矿粉、氯化钙等；有机认证机构认证的有机专用肥或部分微生物肥料，如具有固氮、解磷、解钾作用的根瘤菌、芽孢杆菌、光合细菌和溶磷菌等，通过有益菌的活动来加速养分释放，促进辣椒对养分的有效利用。

（2）施用方法

1）施肥量。一般每亩有机辣椒底肥可施用有机粪肥6000～10000kg，追施专用有机肥或饼肥100kg。

2）重施底肥。结合整地施底肥占总肥量的80%。

3）巧施追肥。辣椒属浅根系作物，追肥时可将肥料撒施，掩埋于定植沟内，及时浇水或培土。

【提示】 有机肥在施用前2个月需进行无害化处理，可将肥料泼水拌湿、堆积、覆盖塑料膜，使其充分发酵腐熟。发酵期堆内温度高达60℃以上，可有效地杀灭农家肥中的病虫，且处理后的肥料易被辣椒吸收利用。

四 有机辣椒病虫草害防治的技术原则

应坚持“预防为主，综合防治”的植保原则，通过选用抗、耐病品种，合理轮作，嫁接育苗，合理调控棚室温、光、湿和土肥水等农艺措施以及物理防治和天敌生物防治等技术方法进行有机辣椒病虫草害防治。生产过程中禁用化学合成农药、除草剂、生长调节剂和基因工程技术生产产品等。有机辣椒病虫草害防治技术原则如下：

（1）病害防治

1）可用药剂：石灰、硫黄、波尔多液、石硫合剂、高锰酸钾等，可防治多种病害。

2）限制施用药剂主要为铜制剂，如氢氧化铜、氧化亚铜、硫酸铜等，可用于真菌、细菌性病害防治。

3）允许选用软皂、植保101、植保102、植保103等植物制剂、醋等物质抑制真菌病害。

4）允许选用微生物及其发酵产品防治辣椒病害。

（2）虫害防治

1）提倡通过释放捕食性天敌，如七星瓢虫、捕食螨、赤眼蜂、丽蚜小蜂等防治虫害。

2）允许使用苦参碱、绿帝乳油等植物源杀虫剂和鱼腥草、薄荷、艾菊、大蒜、苦楝等植物提取剂防病虫。如用苦楝油 2000 ~ 3000 倍液防治潜叶蝇，艾菊 30g/L 防治蚜虫和螨虫，葱蒜混合液和大蒜浸出液预防病虫害的发生等。

3）可以在诱捕器、散发皿中使用性诱剂，允许使用视觉性（如黄板、蓝板）和物理性捕虫设施（如黑光灯、防虫网等）。

4）可以限制性使用鱼藤酮、植物源除虫菊酯、乳化植物油和硅藻土杀虫。

5）有限制地使用微生物制剂，如杀螟杆菌、BT 制剂等。

（3）防除杂草 禁止使用基因工程技术产品或化学除草剂除草；提倡黑色地膜覆盖、秸秆覆盖防草和人工、机械除草。

第二节 有机辣椒栽培技术规程

一 品种选择

禁止使用转基因或含转基因成分的种子，禁止使用经有机禁用物质和方法处理的种子或种苗，种子处理剂应符合国家最新的关于有机产品标准的要求；选择适应当地生态条件且经审定推广的优质、高产、抗病虫、抗逆性强、适应性广、耐储运、商品性好的品种。如世纪椒王、甜阿宝、陇椒 5 号、中椒系列、渝椒系列、三樱椒、美洲甜冠等。

【禁忌】 有机辣椒生产应选择经认证的有机种子、种苗或选用未经禁用物质处理的种苗。目前用包衣剂处理的种子不宜选择。

二 栽培技术规程

1. 培育壮苗

（1）种子播前处理 首先晒种 1 ~ 2h，然后用 50 ~ 55℃温水浸种 15 ~ 20min，再用含量为 0.5% 的高锰酸钾溶液浸种 5min，取出冲洗干净并用纱布包好，放在 25 ~ 30℃恒温箱里催芽，每天检查并用温水淋洗，过 3 ~ 5 天胚根露出种皮，即可播种。每亩种子量为尖椒 20g，泡椒、甜椒各 30g。

（2）营养土配制及消毒 肥沃疏松园土经充分摊晒日光消毒，过筛后掺均匀。每立方米营养土中添加 10% 草木灰。播种前要先将培养土装入育苗穴盘中，刮平稍压，然后用喷水壶浇水，待水渗透后即可播种。

（3）播种和育苗 参考第五章辣椒育苗技术，但应注意禁用化学合成农药和化肥。

2. 定植前的准备

定植前翻耕晒土，深翻土地 30cm，做 80 ~ 100cm 宽高畦，畦高 10 ~ 20cm。结合整地每亩施腐熟有机肥 5000kg、矿物磷肥 50kg 和矿物钾肥 20kg。2/3 的肥料撒施，1/3 的肥料集中沟施。

3. 定植

棚室内 10cm 地温稳定在 12℃时即可定植；露地地膜覆盖栽培在 10cm 地温稳定在 15℃左右时定植。定植选在晴天上午进行，高温季节选在下午进行。畦上双行定植，株距 25cm。定植时使辣椒两排侧根与畦沟垂直。

【禁忌】 *覆盖农膜栽培时禁用含氯农膜，生产上应予以注意。*

4. 定植后管理

定植后浇足定植水，门椒坐住之前不浇水。门椒坐住以后，开始小水勤浇，保证辣椒生长发育的需求。根据天气确定浇水时间，气温低时选择在上午进行，高温时选择在早晨进行；进入盛果期加大浇水量，避免大水漫灌，雨前挖好排水沟，防止雨后田间积水。进入盛果期结合浇水进行追肥，追肥要采取少量多次的原则，每亩顺水追施 3 倍稀释的沼液 200 ~ 300kg 或腐熟饼肥 50kg，每 7 ~ 10 天浇一次水，隔一水追一次肥。沼肥生产设施如图 8-2、图 8-3 所示。门椒坐住后及时打掉门椒以下侧枝，生长期内及时摘除病叶、老叶，适当疏剪过密枝条。

图 8-2　沼液过滤装置

图 8-3　沼渣发酵池

【注意】　目前沼液肥生产厂家往往向沼液中添加氮磷钾肥后出售，有机辣椒施用沼液前需严加确认后施用。

一般花谢后 2 ~3 周，果实充分膨大、色泽青绿时即可采收，也可在果实黄熟或红熟时采摘。分多次采摘，果实宜连果柄一并摘下。采收过程中所用工具以及盛容包装物要求清洁、卫生，不对有机辣椒产生污染；与别的蔬菜分开堆放，做到单收、单运、单放，防止产生混杂；上市辣椒要求新鲜、干净、无虫斑病斑。

三 有机辣椒常见病虫害防治技术

有机辣椒病虫害防治应以农业措施、物理防治、生物防治为主，化学防治为辅，实行无害化综合防治措施。药剂防治必须符合国家最新的关于有机产品标准的要求，禁用化学合成农药，严格控制农药用量和安全间隔期。

有机辣椒常见病虫害防治方法如下：

1）猝倒病。进行种子、床土消毒。发病初期用大蒜汁 250 倍液、25% 络氨铜水剂 500 倍液或 5% 井冈霉素水剂 1000 倍液防治，兑水喷雾，每 7 天左右防治 1 次。

2）灰霉病。发病初期叶面喷施 2% 春雷霉素水剂 500 倍液、1/10000 硅酸钾溶液、80% 碱式硫酸铜可湿性粉剂 800 倍液或 25% 络氨铜水剂 500 倍液，每 10 天左右防治 1 次。

3）疫病。发病初期叶面喷施大蒜汁 250 倍液、25% 络氨铜水剂

500 倍液、5% 井冈霉素水剂 1000 倍液、80% 碱式硫酸铜可湿性粉剂 800 倍液或 46.1% 氢氧化铜（可杀得 3000）可湿性粉剂 600 倍液，每7 ~ 10 天防治 1 次，连续 2 ~ 3 次。

4）霜霉病、白粉病。发病初期叶面喷施 2% 武夷菌素水剂 200 倍液、0.5% 大黄素甲醚水剂（卫保）1000 倍液、8×10^9 CFU/g 枯草芽孢杆菌（依天德）可湿性粉剂 500 倍液等生物农药或 47% 春雷·王铜 WP（加瑞农）可湿性粉剂 800 倍液、46.1% 氢氧化铜可湿性粉剂 1500 倍液等矿物农药防治，每 7 ~ 10 天防治 1 次。

5）软腐病。发病初期可用 72% 农用链霉素可溶性粉剂 4000 倍液或 46% 氢氧化铜可湿性粉剂 1500 倍液防治。

6）蚜虫、蓟马、白粉虱、叶螨以及夜蛾类害虫。棚室栽培可加装防虫网。其他物理和生物措施：设置黄色、蓝色粘虫板；费洛蒙性引诱剂、黑光灯或频振式杀虫灯诱杀成虫；田间释放白粉虱天敌丽蚜小蜂、叶螨天敌捕食螨、蚜虫天敌瓢虫或草蛉等进行防治。如图 8-4、图 8-5、图 8-6、图 8-7 所示。

图 8-4　利用捕食螨控制叶螨

图 8-5　蓝板防治蓟马

图 8-6　黄板防治蚜虫

图 8-7　丽蚜小蜂防治白粉虱

【药剂防治方法】 为害初期可喷施苦参碱乳油1000～1500倍液、5%天然除虫菊素乳油800～1000倍液、生物肥皂1000倍液、0.5%印楝素乳油1000～1500倍液等防治。

【提示】 有机辣椒病虫害防治允许使用生物农药主要包括：①抗生素类杀虫剂：阿维菌素类；②细菌类杀虫剂：苏云金杆菌、BT制剂类；③植物源杀虫剂：苦参碱、鱼藤酮以及银杏叶、黄杜鹃花、苦楝素、辣蓼草等植物提取物质等。

——第九章——
辣椒特种栽培技术

第一节　辣椒水肥一体化滴灌技术

1. 水肥一体化的概念

水肥一体化滴灌技术又称为“水肥耦合”“随水施肥”“灌溉施肥”等，是将水溶性肥料配成肥液注入低压灌水管路，并通过地膜下铺设的微喷带均匀、准确地输送到作物根际，肥、水可均匀地浸润地表25cm左右或更深，保证了根系对水分、养分的快速吸收，能针对蔬菜的生育进程和需肥特性实施配方施肥，是一种科学灌溉施肥模式。

2. 水肥一体化的特点

水肥一体化滴灌技术实现了水肥的耦合，有利于提高水分、肥料利用效率，通过灌溉进行精准施肥，可避免肥料淋失对地下水造成的污染。棚室辣椒滴灌还可降低大棚内相对湿度从而起到降低病虫害的发生率，提高早春茬地温0.5～2℃的栽培效果。从而在很大程度上能够实现节水节肥、省时省工、增产增收的生产目标，因此近年来尤其在设施蔬菜产区得到了广泛推广。

水肥一体化技术在实际生产中存在的主要问题有滴灌系统设计安装不合理不配套、灌水施肥随意性大、滴灌不均匀、滴灌带爆裂、滴孔易堵塞、一次性投资较大等，不仅影响正常的施肥灌水效果，而且还会影响设备的使用寿命，导致成本的增加，在一定程度上也制约了该项技术的推广应用。

3. 滴灌设备的选择与安装

简易软管滴灌的结构　软管滴灌系统是成本较低的一种滴灌系统，由供水装置、供水管和滴水软管组成（图9-1）。

供水肥装置　　滴水软管

图9-1　软管滴灌系统

1）供水装置。包括1.5kW水泵、化肥池、控制仪表等，可保持入棚压力0.12～0.15MPa。取水泵口用1～2层防虫网包裹泵口过滤，滤去大于25目的泥沙颗粒及纤维物等。该装置的作用是抽水、施肥、过滤，将一定数量的水送入干管。

2）供水管。包括干管、支管以及必要的调节设备（如压力表、闸阀、流量调节器等）。供水管黑色，干管直径7cm，要求有0.2MPa以上的工作压力，支管直径3～4cm。在供水管处连接肥料稀释池，结合供水补充肥料，用水须经8～10目（孔径1.651～2.362mm）的纱网过滤以防堵塞。

3）滴水软管及其铺设方法。目前适合于大棚辣椒种植的滴水软管主要有以下两种：①双上孔聚氯乙烯塑料软管。该型软管抗堵塞性能强，滴水时间短，运行水压低，适应范围广，安装容易，投资低廉，应用较广。该设备是采用直径25～32mm聚氯乙烯塑料滴灌带，作为滴灌毛管，配以直径38～51mm硬质或同质塑料软管为输水支管，辅以接头、施肥器及配件。滴水软管上有2行小孔，孔间距为33cm，软管一端接于供水管上，另一端用堵头塞住，供水管连接有过滤网的水源，打开阀门，水便沿软管流向畦面，喷出后从地膜下滴入畦面，供辣椒根系吸收利用。具体铺设方法如下：将滴灌毛管顺畦向铺于小高畦上，出水孔朝上，将支管与畦向垂直方向铺于棚中间或棚头，在支管上安装施肥器。为控制运行水压，可在支管上垂直于地面连接一透明塑料管，用于观察水位，以水柱高度80～120cm的压力运行，防止滴灌带运行压力过大。若种植行距小于50cm，可采用双行单管带布置法，即将双孔滴灌管布置于每畦两行植株中间，若种植行距大于50cm，则宜单行安装单根单孔滴灌管，管带长度与畦长相同。安装完毕后，打开水龙头试运行，查看各出水孔流水情况，若有水孔堵住，用手指轻弹一下，即会使堵住的水孔正常出水。另外，根据地势平整度及离出水口远近，各畦出水量会有微小差异。用单独控制灌水时间的方法调节灌水量。检查完毕，开始铺设地膜。滴灌软管是在塑料薄膜上打孔输水灌溉的，是一种滴灌毛管方式。因其无滴头，必须在滴灌软管上覆盖地膜。软管连接及铺设方法如图9-2、图9-3所示。②内镶式滴灌管。该滴灌由于采用的是先进注塑成型滴头，然后再将滴头放入管道内的成型工艺，

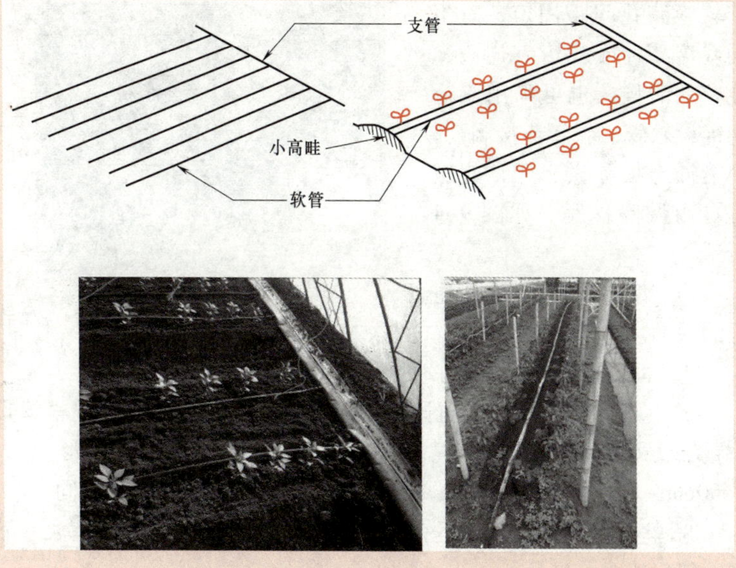

图9-2　滴灌软管铺设示意图

图 9-3　支管连接滴灌软管及软管堵头

因此，能够保证滴头流通均匀一致，各滴头出水量均匀。内镶式滴灌管，管径 10mm 或 16mm，滴头间距 30cm，工作压力 0.1MPa，流量每小时 2.5 ~ 3L。铺设方法同双上孔滴灌管。

在辣椒实际生产中，由于软管滴孔间距固定，对不同栽培品种或栽培方式适配性差的时候，也可采用双行间铺设软管，软管连接滴箭，滴箭插至根际供水肥，此法可自由调整株距。如图 9-4 所示。

图 9-4　软管连接滴箭供水肥

4）滴水软管铺设应注意的问题。

① 种植畦应整平，以免地面落差大造成滴灌不匀。

② 畦面和种植行应纵向排布，田间滴灌管宜采用双行单根管带布置法，即将双孔滴灌管布置于每畦两行植株中间，若种植行距大于 50cm，则宜单行安装单根单孔滴灌管，管带长度与畦长相同。

③ 单根管带滴灌长度不宜超过 60m，以免造成首尾压差大，灌水不匀。

④ 当纵向距离过长时，应设计在畦两头或从中间安装输水管，让滴灌管自两头向中间或自中间向两头送水，以减少压差、提高滴

灌均匀度。

⑤ 在布放滴灌管时，滴灌管上的孔口朝上，以使水中的少量杂质沉淀在管子的底部，也可避免根因向水性生长而堵塞滴孔。每条滴灌管前都要安装 1 个开关，以根据系统提供压力的大小，现场调整滴灌条数，方便操作管理。

⑥ 滴灌管安装完成后，还要覆盖地膜，以使水流在地膜的遮挡下形成滴灌效果，并减少地表水分蒸发。

4. 施肥设备

目前灌溉施肥设备除了简易水泥化肥池外，还包括成型设备，如压差式施肥罐、文丘里施肥器、比例施肥泵和计算机控制的智能施肥机（图 9-5）。

图 9-5　施肥设备

施肥罐制造比较简单，造价低，但是容积有限，添加肥料次数频繁且工序较为繁杂；另外由于施肥罐中肥料不断被水稀释，进入灌溉系统中的肥料浓度不断下降，从而导致施肥浓度不易掌握。文丘里施肥器结构简单，造价较低，但是很难精调施肥量且水压和水的流速对文丘里施肥器的影响非常大，因此使用过程中施肥浓度易产生波动从而导致施肥浓度不均匀。比例施肥泵是一种靠水力驱动的施肥装置，能够按照设定的比例将肥料均匀地添加到水中，而不受系统压力和流量的影响，因此能够基本满足用户对于施肥浓度的控制，施肥泵的造价相对适中。智能施肥机作为精准施肥的智能装置其配置较为复杂，功能强大可以满足多种作物不同施肥浓度的要求，但是造价高。

5. 棚室辣椒肥水管理

（1）施足基肥　滴灌栽培下辣椒密度一般有所增加，生产上应施足基肥方能丰产丰收。根据地力结合整地每亩施入腐熟稻壳鸡粪或农家肥4000～5000kg/亩、磷酸二铵30～50kg/亩和硫酸钾肥15～20kg/亩。

（2）辣椒肥水需求特点 辣椒植株生长发育既需要较多的水分，又具有半耐旱、不耐涝的特点。幼苗期需控制水分，门椒坐果至盛果期，需要较多水分，要保证经常灌溉。生育期中各养分吸收量的顺序为钾>氮>钙>镁>磷，门椒坐住、膨大后，养分吸收量迅速增加，氮、钾、钙的吸收占总吸收量的70%～90%。从果实膨大期起，镁的吸收量明显增加。

（3）滴灌施肥方案

1）水分管理。滴灌管理简便易行，只需打开水龙头即可灌水。双上孔软管滴灌运行压力一般保持水头高80～120cm即可，切忌压力过大，否则会破坏管壁形成畦面积水。可在支管上连接一透明细管，用以观察水柱高度。具体水分管理方法为：定植前浇足底水，定植7天左右浇缓苗水，以小水为宜。苗期耗水量最少，定植到门椒长至“乒乓球”大时，滴水量要少，以促根为主，适当蹲苗。夏秋茬进入初果期后，加大滴水量及滴水次数，土壤湿度控制在田间持水量的70%～80%；进入盛果期，需水需肥达到高峰，土壤湿度宜控制在田间持水量的75%～85%。冬春季节土壤湿度宜适当降低，以保持在60%～70%为宜。不同茬口需水量存在一定差异，须根据土壤墒情、不同生育阶段最适田间持水量、植株田间长势等综合判断。在蔬菜实际生产中可在土壤中安装1组15～30cm不同土层深度的土壤张力计，根据各个时期的土壤水分张力值判断土壤实际含水量，并根据辣椒不同生育阶段的需水指标确定灌水量，如图9-6所示。

图9-6 土壤张力计

以辣椒棚室秋延迟茬为例，其滴灌水参考指标为：定植水15m^3/亩；定植至初果期

4～6 天滴水 1 次，灌水定额 6～8m^3/亩；初果期每 5 天滴水 1 次，灌水定额 8～10m^3/亩；盛果期每 5 天滴水 1 次，灌水定额 10～15m^3/亩；成熟期滴水 1 次，灌水定额 8～15m^3/亩。定植至产品上市整个生育期约 130 天，滴水 20～23 次，总灌水量 190～230m^3/亩。

2）追肥。棚室辣椒不同栽培地区和茬口滴灌水量与追肥量存在较大差异，不可一概而论。

以辣椒棚室秋延迟茬为例，滴肥与滴水宜交替进行，即滴 1 次肥后，再滴 1 次水。追肥时期及参考追肥量：定植至初果期滴肥 1 次，滴肥量为磷酸二铵 3kg/亩、尿素 4kg/亩、硫酸钾 2kg/亩；初果期滴肥 2 次，每次滴肥量为磷酸二铵 3kg/亩、尿素 4kg/亩、硫酸钾 2kg/亩；盛果期滴肥 2 次，每次滴肥量为磷酸二铵 3kg/亩、尿素 5kg/亩、硫酸钾 3kg/亩。

以辣椒日光温室早春茬为例，底肥充足时，定植至坐果前可不追肥。开花至坐果期滴灌 3 次，每次灌水 14m^3/亩，其中滴灌施肥 1 次，肥料施用水溶性肥料（20-10-20）15kg 或配施尿素 6.5kg/亩、磷酸二氢钾 3.0kg/亩及硫酸钾 4.0kg/亩，以促秧棵健壮。开始采收至盛果期，主要抓好促秧、攻果，采摘成熟期要结合滴灌追肥 5 次，每隔 1 周左右滴灌追肥 1 次，每次灌水 9m^3/亩，追肥可施用滴灌专用肥（16-8-22）8.7kg/亩或配施尿素 3.0kg/亩、磷酸二氢钾 1.4kg/亩及硫酸钾 3.0kg/亩。表 9-1 为日光温室早春茬辣椒关键生育阶段滴灌水肥参考指标。

表 9-1　辣椒温室早春茬滴灌水肥参考指标

生育阶段	灌溉次数/次	灌水量/（m^3/亩·次）	每次灌溉加入的纯养分量/（kg/亩）				备　注
			N	P_2O_5	K_2O	$N+P_2O_5+K_2O$	
定植	1	20	6.0	13.0	6.0	25.0	施基肥，定植后沟灌
定植至开花	2	9	1.8	1.8	1.8	5.4	滴灌，可不施肥
开花至坐果	3	14	3.0	1.5	3.0	7.5	滴灌，施肥 1 次

（续）

生育阶段	灌溉次数/次	灌水量/（m^3/亩·次）	每次灌溉加入的纯养分量/（kg/亩）				备　注
			N	P_2O_5	K_2O	$N+P_2O_5+K_2O$	
采收	6	9	1.4	0.7	2.0	4.1	滴灌，施肥5次
合计	12	52	12.2	17	12.8	42	滴灌，施肥6或7次

【提示】 滴灌液的浓度也可根据作物适宜的EC值确定。大多数作物适宜的EC值为0.5～3.0mS/cm，最高不超过4.0mS/cm，过高易造成土壤盐分的积累，过低则不能满足作物的正常生长需要。

3）滴灌方法。打开滴灌系统，滴清水20min后打开施肥器，开始供肥。灌溉结束前半小时停止滴肥，以清水冲洗管道，防止堵塞。

【提示】 ①盐碱化土壤应先滴灌清水，将土壤中可移动离子淋洗到下层土壤，然后滴灌全价营养液。②阴雨天可适当减少滴灌量或者不滴灌。

生产上常用溶解性好的普通大量元素固体肥料：氮肥有尿素、碳酸氢铵、硝酸铵、硝酸钾等；磷肥有磷酸二铵、磷酸二氢钾等；钾肥有硫酸钾、硝酸钾等。也可采用专用水溶肥。

【提示】 ①选用颗粒复合肥作滴灌肥时应观察肥膜（黏土、硅藻土和含水硅土）是否易溶或堵塞滴孔。②滴灌追施微量元素肥料时，应注意不与磷素肥同时混合施用，以免形成不溶性磷酸盐沉淀而堵塞滴孔。③除沼液外，多数有机肥因其难溶性而不宜作滴灌肥追施。④不宜采用含氯化肥，花果期可适当添加硼、钙、镁肥。

6. 其他管理措施

其他管理措施可参见辣椒不同茬口棚室栽培技术。

第二节　辣椒无土栽培技术

蔬菜无土栽培具有可充分利用土地资源，省肥、省水、省工，减少病虫危害，实现蔬菜无公害生产，提高蔬菜产量和品质等优点，缺点是一次性投资巨大，因而近年来在部分农业园区或示范基地得到了大面积推广。蔬菜无土栽培可分为营养液栽培和有机无土栽培两类，其主要分类如图9-7所示。辣椒无土栽培如彩图6、彩图7、图9-8所示。

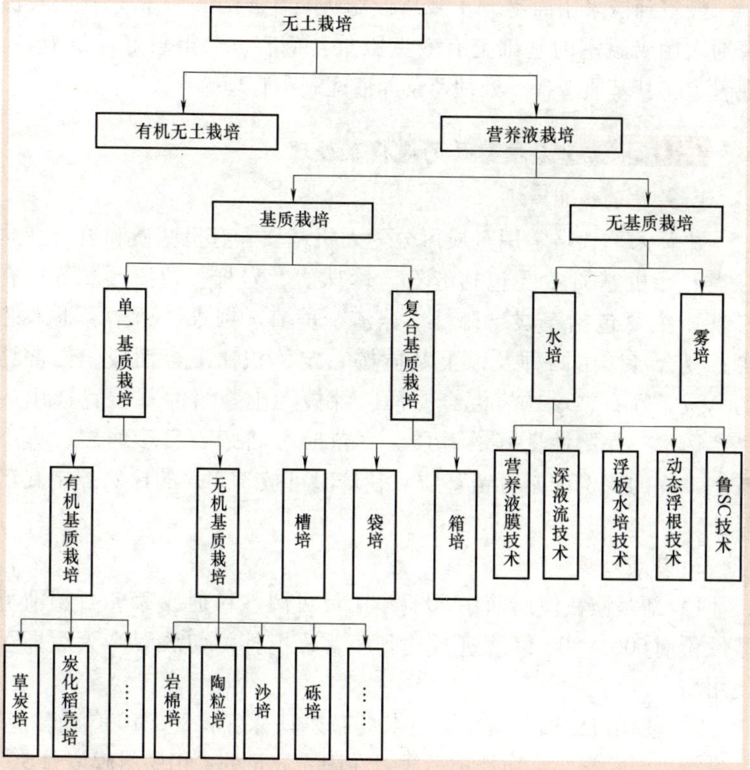

图9-7　作物无土栽培分类体系

图 9-8　辣椒无土栽培

棚室辣椒采用简易无土栽培设施进行生产，可在充分利用农民普通大棚或温室的基础上有效克服重茬病害，获得较好经济效益。现着重将其基质选择、处理及营养液配制和管理简介如下。

一 辣椒无土栽培基质的选择及处理

1. 基质的选用

蔬菜无土栽培常用基质可分为无机基质、有机基质和复合基质三类。无机基质主要包括蛭石、珍珠岩、岩棉、炉渣、沙等；有机基质主要包括草炭、椰糠、菇渣、蔗渣、锯末、酒糟、玉米芯等；复合基质由两种及以上基质按一定体积比混合而成，如常见的草炭、蛭石、珍珠岩混合基质。辣椒无土栽培的基质宜选用透气、透水、保肥性良好的基质。育苗时可将蛭石、珍珠岩、草炭按 1∶1∶4 的比例配制育苗基质，栽培时可按 3∶2∶5 的比例配制栽培基质。

2. 基质处理

1）新基质在使用前用 50% 多菌灵可湿性粉剂或 75% 百菌清可湿性粉剂 600 ~ 800 倍液进行均匀喷雾，搅拌均匀放置半天后即可使用。

2）使用过的旧基质，可用 40% 福尔马林溶液 80 ~ 100 倍液对基质进行均匀喷雾，基质拌透后放置在阳光充足处，用塑料膜闷盖 5 ~ 7 天后，揭开塑料膜，铺开晾晒 3 天左右即可使用。

二 营养液的配制与管理

1. 营养液的配制原则

营养液配制的总原则是确保在配制后和使用营养液时不产生难溶性化合物沉淀。实践中一般采取以下两种方法避免营养液中产生沉淀：一是对容易产生沉淀的盐类化合物实行分别配制，分罐保存，使用前再稀释、混合；二是向营养液中加磷酸或硝酸，降低 pH，使用前再加氢氧化钠调整。

2. 营养液配制浓度（表 9-2）

表 9-2 营养液的配制浓度 （单位：mg/L）

大量元素	含量	微量元素	含量
硝酸钙	664	硼酸	3
硝酸钾	260	硫酸亚铁	20
磷酸二氢钾	220	硫酸锰	1.6
硫酸钾	34	硫酸锌	0.2
硫酸镁	512	硫酸铜	0.08
		钼酸铵	0.02

3. 营养液的配制方法

（1）浓缩液的配制

1）称量。分别称取各种肥料，置于干净容器或塑料薄膜袋中或平摊于地面的塑料薄膜上。称取各种盐类肥料时要注意稳、准、快，称量要精确。

2）肥料溶解。将称好的各种肥料摆放整齐，最后一次核对无误后，再分别溶解，也可将彼此不产生沉淀的化合物混合一起溶解。溶解要彻底，边加肥料边搅拌，直至完全溶解。

3）分装。浓缩液配成 A、B、C 三种浓缩液，分别用三个储液罐盛装。A 罐：以钙盐为中心，凡不与钙盐产生沉淀的化合物均可放在一起溶解；B 罐：以磷酸盐为中心，凡不与磷酸盐产生沉淀的化合物放在一起溶解；C 罐：预先配制螯合铁溶液，然后将 C 液所需称量的其他各种化合物分别在小塑料容器中溶解，再分别缓慢倒入螯合铁溶液中，边加边搅拌。A、B、C 浓缩液均按浓缩倍数的要求加清水至需配制的体积，搅拌均匀后即可。浓缩液的浓缩倍数，要根据营养液配方规定的用量和各盐类的溶解度来确定，以不致过饱和而析出为准。其浓缩倍数以配成整数值为好，方便操作。一般均衡营养液可浓缩至 100 ~ 200 倍，微量元素浓缩液可浓缩至 1000 倍。

4）保存。浓缩液存放时间较长时，应将其酸化，以防沉淀的产生。一般可用硝酸酸化至 pH 为 3 ~ 4，并存放于塑料容器中，阴凉避光处保存。

（2）工作液的配制 配制步骤如下：

第一步，计算好各种浓缩液需要移取的液量，并根据配方要求调整 pH。

第二步，在储液池或其他盛装栽培液的容器内注入所配制营养液体积 50% ~ 70% 的水量。

第三步，量取 A 母液倒入其中，开动水泵循环流动 30min 或搅拌使其扩散均匀。

第四步，量取 B 母液慢慢注入储液池的清水入口处，稀释 B 母液后入储液池中参与流动扩散，此过程加入的水量以达到总液量的 80% 为度。

第五步，量取 C 母液随水稀释入储液池中参与流动扩散。加足水量后，循环流动 30min 或搅拌均匀。

第六步，用酸度计和电导率仪分别检测营养液的 pH 和 EC 值，如果测定结果不符合配方和作物要求，应及时调整。pH 可用稀酸溶液，如硫酸、硝酸或稀碱溶液，如氢氧化钾、氢氧化钠调整。一般辣椒栽培营养液的 pH 需矫正到 5.5 ~ 6.0，苗期适宜 EC 值为 0.8 ~ 1.0mS/cm，定植至第一朵花开放为 1.0 ~ 1.5mS/cm，结果盛期为 1.5 ~ 2.0mS/cm。调整完毕的营养液，在使用前先静置一段时间，然后在种植床上循环 5 ~ 10min，再测试一次 pH，直至与要求相符。

4. 营养液的管理

辣椒对肥料的需求量比较大，每天保证供液系统循环 3 次，具体视基质及天气状况可以酌情增减。营养液的配制量以在 3 天之内能浇施完为宜，不宜放置过长时间。循环利用的营养液要注意配液池的避光及洁净，及时往营养液池中补充营养液；在条件许可的情况下，尽量15天左右清洗一次储液池。

三 育苗

育苗参考第五章辣椒育苗技术。

四 栽培管理要点

1. 定植

可选择用袋培或槽培模式。以槽培为例，滴灌管布置如图9-9所示。

2. 缓苗

定植后5～7天内注意肥水管理，可适当减少营养液的浇施次数。缓苗后即可进行正常管理，每天的营养液循环次数保证在3次左右。

图9-9 蔬菜槽培滴灌管

3. 温、湿度管理

辣椒最适合的生长温度为15～30℃，夏季温室温度尽量控制在32℃以下，冬季温室夜温保持在15℃以上。辣椒在整个生长发育期间环境湿度宜保持在50%～70%。

4. 整枝

辣椒无土栽培一般采用双干整枝。留长势良好的两个枝条，摘除其余侧枝。主枝上生长的侧枝开花坐果后摘心，其间根据坐果密度及辣椒的生长情况疏花疏果，中后期长出的徒长枝需全部摘除。

第三节 辣椒间（套）作技术

因地制宜地发展间作、套作栽培，可大幅度提高单位面积土地产出效益和资源的利用率。辣椒属于中光型作物，不耐强光，适度遮阴有利于辣椒的生长发育，辣椒套种玉米即为一种较好的栽培模式。

玉米与辣椒套种具有以下优点：一是病虫害少。辣椒一般在生长前期易发病毒病，春玉米播种早，生长快，能减少蚜虫传播的病毒病。高温高湿天气，辣椒易落花、落叶、落果，玉米强大的根系吸水抗涝，宽大的叶片遮阴调温，可使辣椒免受高温高湿危害，形成一个有利于辣椒生长的田间小气候，可控制辣椒“三落”的发生。辣椒坐果期，玉米开始抽雄散粉，烟青虫进入产卵盛期，烟青虫喜欢吸食花蜜，产卵于玉米株上，有利于集中而有效地消灭烟青虫。二是营养需求互补。按辣椒的需肥特性施肥即可满足玉米的需求。三是降低日灼，玉米为高光效作物，生长过程中需要强光照射才能发育良好，辣椒套种玉米，二者高矮不一，玉米可充分受光，并给辣椒提供遮阴，从而有效地抑制辣椒的日灼病。

一 茬口安排

华北地区辣椒于3月中下旬育苗，4月底～5月初地温稳定在12℃、气温稳定在15℃以上时为定植适期。辣椒定植同期播种玉米，“玉米+辣椒”套作行比为1∶4，即每4行辣椒间作1行玉米，玉米株距80～100cm，一穴双株，一般亩栽玉米2500株左右。

二 品种选择

辣椒选用耐旱、耐阴、抗病、优质、耐储运、早熟、丰产性好的加工品种，如绿金线、胭脂红、羊角红、三樱椒、朝天椒等。玉米应选择高产、皮薄、甜软，适应性广，商品性佳的玉米品种，如糯玉米1号、糯玉米2号等。

三 栽培技术要点

1. 育苗

育苗参考第五章辣椒育苗技术。

2. 定植

定植前15天整地。每亩施入充分腐熟的沼肥或其他有机肥2500kg、钙镁磷肥75kg、硫酸钾20kg作基肥，施肥后翻耕耙平，使肥料与土壤充分混合。辣椒苗长到7～10片叶、株高15～18cm时，即可移植。辣椒采用起垄覆膜双行栽培，垄高25cm，垄宽70～

80cm，用90cm宽的地膜覆盖，株距30cm，双行错栽，每穴2株，暗水栽苗后用药土（每亩1kg甲基硫菌灵可湿性粉剂加50kg细土混匀）覆盖，覆土不可过深，高于垄面1cm即可。全田定植完后浇一次透水。玉米可同期在过道两边靠垄处点籽播种，株距80～100cm，平均行距50cm。

3. 辣椒田间管理

田间管理以辣椒生产为主，玉米基本上不需要另行管理即可生长良好。

（1）追肥 辣椒定植后15～20天，结合中耕培土除草，每亩施尿素5kg、复合肥15～20kg，促进辣椒苗健壮生长，为早熟丰产打好基础；进入开花结果盛期，要重施壮果肥，每亩施尿素3kg和复合肥20kg，促辣椒多开花多结果。在整个辣椒生长过程中，水分以土壤湿润为宜，注意及时排渍防旱。

（2）保花保果 早春辣椒有时因低温、阴雨引起落花落果，可叶面喷施防落素防治。此外，在结果中后期适当喷施叶面肥，防止植株早衰。

（3）病虫害防治 参考第十章辣椒病虫害诊断与防治技术。

（4）采收 及时分批采收，干制辣椒充分成熟后一次性收获。

4. 玉米田间管理

糯玉米前期的肥水管理与辣椒同步进行，辣椒田施肥多而足，可不单独对玉米追肥浇水。当玉米长至大喇叭口期时，重施1次攻苞肥，每亩施尿素20kg、硫酸钾10kg，喷施48%毒死蜱乳油1000倍液防治玉米螟。散粉期间采用人工辅助授粉，可增加籽粒数，减少秃尖现象。如果遇阴雨天气更要加强人工授粉。鲜食玉米以抽丝后25天左右采收为宜。玉米辣椒间（套）作如图9-10所示。

图9-10 玉米辣椒间（套）作

四 辣椒其他间套作形式

1. 小麦、辣椒、玉米间套作

以小麦、玉米为主产作物，2m一带，3行麦，留1.6m空档，冬季空档套栽第二年4月可收获的蔬菜。然后定植6行小辣椒，行距26cm，株距20cm，每亩栽植10000株。麦收后，挖沟培垄，沟两侧点2行玉米，株距26~33cm，每亩栽2000株。

2. 辣椒、芝麻间（套）作

以辣椒为主，1.65m一带，4行辣椒，1行芝麻。辣椒移栽按常规进行，芝麻株距23cm，每亩可定植芝麻1700株。

3. 辣椒、花生间（套）作

以辣椒为主，2m一带，4行辣椒，1行花生。

4. 春马铃薯、辣椒间（套）作

以春马铃薯为主，春马铃薯可采用1.33~1.5m一埂，移栽时间、密度按常规进行。埂中间栽1行小辣椒，每亩可栽小辣椒2000株左右。此方式也适合小辣椒与甜瓜间作。

5. 小辣椒、大蒜套作

小辣椒与大蒜并重，1行辣椒1行蒜。9月上旬当小辣椒收一茬后在两行辣椒中间套1行大蒜。辣椒行距26cm，株距23cm；大蒜行距26cm，株距10cm。小辣椒每亩栽植8000株，大蒜栽植20000株。

6. 辣椒、洋葱套作

辣椒与洋葱并重，12月上旬冬闲地移栽洋葱，洋葱行距30cm、株距17cm，每亩定植13300株；4月中旬移栽辣椒，辣椒行距30cm、株距16cm，每亩移栽辣椒12800株。

7. 辣椒、苦瓜间作（图9-11）

苦瓜2m一行，移栽时间与密度按常规进行。苦瓜行间套种2行小辣椒，辣椒行距33cm、株距16~26cm，每亩可定植小辣椒2000株左右。

图9-11　辣椒、苦瓜间作

此外，辣椒还可与果树等经济林木间作，如彩图8所示。

第四节　红干制辣椒栽培技术要点

红干椒是加工食用红色素和辣椒油的主要原料，在我国农产品出口中占有独特地位，因此近年来我国干辣椒种植面积呈不断扩大趋势。但红干辣椒生产中普遍存在着产量低、病虫害发生严重、晾晒过程中易形成花皮果等问题，影响了产出效益，在栽培中应尽量克服。红干椒生产田如图 9-12 所示。

图 9-12　红干椒生产田

一　选择优良品种

生产上用的红干辣椒品种主要有线椒，如胭脂红、基地火辣等；朝天椒，如日本三樱椒、子弹头、韩国天鹰一号、一爪红等。

二　育苗

育苗参照第五章辣椒育苗技术。

三　定植及定植后的管理

1. 整地做畦

选用起垄栽培，垄高 20 ~ 25cm、宽 40 ~ 50cm，每亩施有机肥 4000 ~ 5000kg、复合肥 40 ~ 50kg。

2. 定植

5 月上旬定植，每垄定植两行，每穴两株，株距 30cm，随栽随浇一遍小水，缓苗后注意补苗。

3. 定植后的管理

（1）生育前期管理　定植水不宜过大，定植后第三天要及时中耕松土，提高地温，促进缓苗。1 周后再浇第二水，并进行中耕。第二水后进入蹲苗期，第一层果长至 2 ~ 3cm 大时结束蹲苗。

（2）**盛果期管理**　蹲苗结束后及时浇水，同时可每亩施尿素15kg或一定量的腐熟人粪尿、沼液肥等。辣椒坐果后常遇高温、强光、干旱与暴雨交替出现的天气，病虫害也开始陆续发生，这一时期也是决定产量的关键时期，应及时浇水、施肥，保证土壤湿润，防止过分干旱和雨涝。生育后期喷施叶面肥防植株早衰。

四　套种玉米

生产上提倡红干辣椒与玉米套作栽培。详细可参考本章第三节辣椒间套作技术。

五　收获

10月上旬收获，此时辣椒叶片开始变黄、脱落，果实基本转红。应及时把辣椒整株拔起，排在地中晾晒3~4天，然后头向上堆放，4~6天后含水量降至14%以下时堆垛待摘。宜进行分批采收，即成熟一批采收一批，并及时晾晒，防止霉变。

第五节　高山辣椒栽培技术要点

辣椒属于喜温蔬菜，但不耐高温。我国大多数平原地区7~8月多高温天气，不适于辣椒生长，造成全国辣椒供应淡季。而高海拔地区夏季温度较低，利用高海拔地区的资源优势，在海拔1000~1400m山区（一般夏季平均气温在22~25℃）栽培辣椒，既可解决城市蔬菜秋淡供应，又可使高寒贫困山区脱贫。高山辣椒生产田如图9-13所示。本节简要介绍高寒地区辣椒高产栽培技术。

1. 品种选择

选择生长适应性强，结果集中，品质优良，商品性好，较耐储运，适于高寒地区栽培的红椒和青椒优良品种。

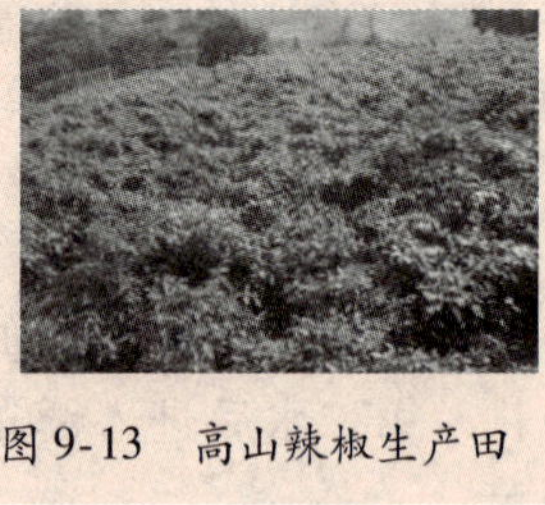

图9-13　高山辣椒生产田

2. 培育壮苗

参考第五章辣椒育苗技术。

3. 精细整地，施足基肥

选择地势较高，避风向阳，排灌方便，土层深厚，未种过同科前茬的平地和缓坡地作辣椒栽培田。大田在前一年秋季进行深翻以利冬季冻垡。春季解冻后，每亩施农家肥 5000kg、钾镁肥 50kg、专用复合肥 100kg。

4. 地膜覆盖，合理密植

高山气温低，辣椒缓苗期长，生长较慢，须进行地膜覆盖栽培。适当密植，按行距 40cm、株距 30cm 规格栽植，每亩栽苗 3500～4500 株。

5. 畦面铺草

除地膜覆盖外，还可以进行畦面铺草。可于高温干旱来临前或在第二次浅中耕培土后畦面铺青草、稻草或麦秆等。铺草覆盖畦面，具有降低地温、防雨冲刷、保水、保肥、促进根系生长、防止杂草滋生的作用，栽培效果较好。

6. 整枝与搭架

选择晴天，及时剪除第一节花（门椒）以下的各叶节发出的侧枝，促植株养分集中供应主茎生长，逐级发生侧花枝，提高坐果率。为防止植株倒伏，除做好培土外，还需搭简易支架。可用 50cm 长小竹（木）棍插于距植株约 10cm 处，或在畦面两侧搭简易棚型支架，高约 50cm，用塑料绳把植株绑于支架或立柱上。

7. 肥水管理

按照轻施苗肥，重施结果肥，少量多次的原则，于定植后至第一个果实膨大时，结合中耕追肥 2～3 次，每次追施腐熟人粪尿800～1000kg/亩或复合肥 5～10kg/亩。结果期每隔 10～15 天追肥 1 次，每次追施沼液肥 200～300kg/亩、复合肥 10～15kg/亩或尿素 8～10kg/亩。并可每隔 10 天左右喷施叶面微肥或硅肥，以防止植株早衰。视墒情及时浇水，采用沟灌时提倡浅灌“跑马水”。雨后及时排水。

8. 及时分批采收

高山辣椒可根据市场或加工企业采收标准及时采收。第一果（门椒）应适当提早采摘。7～8 月是高山辣椒果实生长发育最快的时期，对采青椒供应市场的辣椒应 1～2 天采收一次。采摘在上午露水干后或傍晚进行较好，采收的果实要及时分级包装。采红椒的可等果实充分红熟后分次采收。

第六节　观赏辣椒栽培技术要点

观赏辣椒是辣椒属中的一种，果实颜色有红、黄、紫、橙、黑、白、绿等，果实形状有线形、羊角形、樱桃形、风铃形、蛇形、枣形、指天形等，非常美观漂亮，适于盆栽观赏或园林美化。

1. 栽培品种

主要品种有五彩椒（图 9-14）、小米粒椒和指天椒等。

图 9-14　五彩观赏椒

2. 播种育苗

参考第五章辣椒育苗技术，待幼苗长至 17 ~ 20cm、具有 6 ~ 8 片真叶时移栽定植。

3. 定植

采用露地栽培时，将优质农家肥 1000kg/亩，氮、磷、钾三元复合肥 20kg/亩均匀撒于地表后，深翻 25 ~ 30cm，整平耙细后起高 40cm 的高垄，垄上覆盖地膜，定植株距为 30 ~ 40cm。采用盆栽时，选用规格为 30cm × 40cm 的花盆，装满由菜园土加有机肥混合而成的栽培基质，每盆栽植 1 株。

4. 定植后管理

缓苗后灌 1 次大水，开花结果期灌水一次，并追肥，之后每隔 10 ~ 15 天结合灌水追肥一次。每次追施氮、磷、钾三元复合肥 20 ~ 25kg/亩。灌水要做到雨天不灌，气温低时不灌，中午不灌，灌水后培土防倒伏。盆栽开花结果时应加强肥水管理，其他管理与露地栽培一致。观赏辣椒一般虽以观赏为主，但也可食用，可根据实际需要决定是否采收。

5. 病虫害防治

观赏辣椒的主要病虫害主要有疫病、病毒病、白粉病、蚜虫等，应及时防治。

第十章
辣椒病虫害诊断及防治技术

第一节　辣椒侵染性病害诊断及防治

一　真菌性病害

1. 猝倒病

【病原】　瓜果腐霉菌，属鞭毛菌亚门真菌。

【症状】　主要为害幼苗。辣椒播种以后，由于病菌的侵染，常造成胚轴和子叶变褐腐烂，致使种子不能萌发。幼苗出土后，真叶尚未展开前，幼茎基部受病菌侵染，呈水渍状、浅黄褐色，无明显边缘，后病部缢缩，病苗倒折坏死。此病一旦发生，蔓延非常迅速，幼苗成片死亡（彩图9）。苗床潮湿时，病部及附近土壤表面产生白色絮状菌丝体。

【发病规律】　病菌以卵孢子或菌丝在土壤中越冬，第二年条件适宜时，卵孢子萌发，游动孢子的芽管直接侵入寄生，引起烂种倒苗。病菌腐生性强，可长期存活在土壤和有机肥料中，借雨水、堆肥、农具等媒介传播，苗床土壤带菌或未经消毒利于发病。本病属低温高湿型病害，病菌生长适温为15～16℃，最低为8℃，最高30℃，早春苗床发病重。

【防治方法】

1）农业措施。育苗床应地势较高、排水良好，施用的有机肥应充分腐熟。选择晴天浇水，不宜大水漫灌。加强苗期温度、湿度管理，及时放风降湿，防止出现10℃以下低温高湿环境。

2）床土处理。每平方米床土用50%福美双可湿性粉剂、25%甲霜灵可湿性粉剂、40%五氯硝基苯粉剂或50%多菌灵可湿性粉剂8~10g拌入10~15kg细土中配成药土，播种前撒施于苗床营养土中。出苗前应保持床土湿润，以防药害。

3）药剂防治。发现病株应及时拔除。发病初期用72.2%霜霉威盐酸盐水剂800~1000倍液、15%噁霉灵水剂1000倍液、84.51%霜霉威·乙磷酸盐水剂800~1000倍液、687.5g/L氟哌菌胺·霜霉威悬浮剂800~1200倍液、69%烯酰吗啉可溶性粉剂600倍液、64%噁霜·锰锌可溶性粉剂500倍液、69%烯酰·锰锌可湿性粉剂1000倍液、60%锰锌·氟吗啉可湿性粉剂800倍液等，兑水喷淋苗床，视病情每7~10天防治1次。

2. 立枯病

【病原】 立枯丝核菌，属半知菌亚门真菌。

【症状】 多于苗期发病，主要为害根颈部。播种期发病可导致烂种、芽枯，致缺苗断垄。发病初期，茎基部一侧产生近椭圆形暗褐色病斑，略凹陷，逐渐形成褐色大斑，并扩大绕茎一周致使茎基部全部呈黄褐色病变坏死并向上发展。环境干燥时，病部收缩干枯，叶色变黄凋萎，根变褐腐烂（彩图10），直至植株死亡，湿度高时，病部产生褐色稀疏的蛛网状菌丝。发病初期幼苗白天萎蔫，夜间恢复，反复几天以后，枯萎死亡。由于病害多发生在茎木栓化以后，一般不倒伏，因而得名立枯病。

【发病规律】 病菌以菌丝体或菌核在土壤中或病残体上越冬或越夏，一般在土壤中可存活2~3年。条件适宜时，病菌从伤口或由表皮直接侵入幼茎基部引发病害。病菌随雨水、灌溉水、农具及带菌堆肥传播蔓延。病菌适宜温度范围较宽，最低温度为13~15℃，最高温度为40~42℃，发育适温为24℃。阴雨多湿，土壤黏重，重茬种植，播种密度过大以及高温均易诱发此病。

【防治方法】

1）农业措施。苗床应地势较高、排水良好，雨后及时排除田间积水，苗期保持适宜土壤干湿度。

2）种子处理。每千克种子与95%噁霉灵可湿性粉剂0.5~1g和80%多·福·福锌可湿性粉剂4g拌种。

3）药剂防治。发病前可采用下列药剂预防：70%噁霉灵可湿性粉剂800~1000倍液或20%氟酰胺可湿性粉剂600~1000倍液，兑水喷淋苗床，每7~10天喷1次。

发病初期可采用下列药剂防治：72.2%霜霉威盐酸盐水剂600倍液、50%腐霉利可湿性粉剂1500倍液、69%烯酰·锰锌可湿性粉剂800倍液、50%异菌脲可湿性粉剂800~1000倍液、20%甲基立枯磷乳油800~1000倍液+75%百菌清可湿性粉剂600倍液、15%噁霉灵水剂500~700倍液+25%咪酰胺乳油800~1000倍液等，兑水浇灌茎基部，视病情每5~7天防治1次。

【提示】 猝倒病和立枯病的区别：猝倒病病部及土壤表面有白色棉状菌丝体；立枯病病部为褐色稀疏的蛛网状菌丝，可以此区分。

3. 疫病

【病原】 疫霉菌，属鞭毛菌亚门真菌。

【症状】 辣椒疫病属于毁灭性病害，苗期和成株期均可发病，可为害根、茎、叶和果实。苗期染病，幼苗茎基部呈现暗绿色水渍状或褐色软腐，后枯萎死亡，湿度大时病部产生少量白色霉状物。叶片染病，多从叶缘开始侵染，病斑呈圆形或近圆形，初期水渍状，边缘浅绿色，中间暗褐色，迅速扩展后病叶腐烂、枯死（彩图11）。茎部染病，病斑初为水浸状，后环绕表皮扩展成褐色或黑褐色条斑，病部以上枝叶迅速枯萎。果实染病多始于蒂部，初生暗绿色水浸状病斑，病斑迅速扩大变褐色软腐，有时出现同心褐色轮纹，湿度大时病部表面长出白色霉层。发病重时辣椒整株枯死（彩图12），并以病株为中心，向四周蔓延。

【发病规律】 病菌以卵孢子、后垣孢子或菌丝体在田间病残体上越冬，第二年条件适宜时产生孢子囊及游动孢子，借风雨、灌溉水传播，孢子萌发后产生芽管，穿透寄主表皮直接侵入，后病部又产生孢子囊进行再侵染，危害加重。高温、高湿环境是此病诱因，适宜发病温度为12~36℃，最适温度30℃，最低8℃。田间气温25~30℃、相对湿度高于85%，病害发展迅速，成株期至采收期发病较重。阴雨连绵，田间积水，密植，土壤黏重，偏施氮肥，植株长势弱等均会加重病害。

【防治方法】

1）农业措施。重病地块实行3年以上轮作。选择不易积水地块育苗和定植，合理密植，雨后及时排除积水，平衡施肥，收获后及时清除田间病残体。

2）土壤处理。可选用硫酸铜3～5kg/亩、70%噁霉灵可湿性粉剂1～2kg/亩或72%霜脲·锰锌可湿性粉剂拌适量药土处理土壤。

3）药剂防治。发病初期可用以下药剂进行防治：57%烯酰吗啉·丙森锌水分散粒剂2000～3000倍液、72%霜脲·锰锌可湿性粉剂600～800倍液、76%霜·代·乙膦铝可湿性粉剂800～1000倍液等。

发病普遍时用下列药剂进行防治：250g/L吡唑嘧菌酯乳油1500～3000倍液、20%唑菌酯悬浮剂2000～3000倍液、69%锰锌·烯酰可湿性粉剂1000～1500倍液、687.5g/L霜霉威盐酸盐·氟吡菌胺悬浮剂800～1200倍液、72.2%霜霉威盐酸盐水剂800～1000倍液+75%百菌清可湿性粉剂600～800倍液等，兑水均匀喷雾，视病情每7～10天喷1次，连续防治2～3次。

辣椒保护地栽培可用15%百·烯酰烟剂或20%霜脲·锰锌烟剂250～300g/亩熏烟防治。

4. 灰霉病

【病原】 灰葡萄孢菌，属半知菌亚门真菌。

【症状】 幼苗及成株期都可染病，可危害幼苗、叶片、茎、花、果实等。发病幼苗子叶变黄，病部渐呈灰白色水渍状，而后扩展至幼茎，病部缢缩，并产生灰色霉状物，易折断，致使幼苗枯死。叶片染病多从叶片边缘侵染，病部呈暗绿色至黄褐色坏死腐烂状，并长出灰色霉状物，叶片腐烂或干枯。茎染病时出现水浸状不规则状斑或条斑，逐渐变为灰褐色或褐色，湿度大时病部生有灰色霉状物，病斑绕茎一周，其上端枝叶萎蔫枯死。花或果实染病，病部呈水浸状，褐色，有时病部密生灰色霉层（彩图13、彩图14），即分生孢子梗和分生孢子。

【发病规律】 病菌以菌核、菌丝体或分生孢子在土壤或病残体上越冬。从植株伤口、花器官或衰老器官侵入，花期是染病高峰期，借气流、灌溉或农事操作传播。病菌生长适宜温度为18～24℃，发病温度为4～32℃，最适温度为22～25℃，空气湿度90%以上、植株表面结露易诱发此病。气温高于30℃，低于4℃，空气湿度低于80%时不易发病，属低温高湿型病害。棚室辣椒春季栽培，阴雨天气湿度大时易发病。

【防治方法】

1）农业措施。棚室辣椒提倡高垄覆膜、膜下暗灌或滴灌的栽培模式。应适时通风换气，降低湿度。及时进行整枝、打杈、打老叶等植株调整，摘（清）除病果、病叶或病残体。氮磷钾平衡施肥促植株健壮。

2）药剂防治。棚室辣椒拉秧后或定植前采用30%百菌清烟剂0.5kg/亩、20%腐霉利烟剂1kg/亩或20%噻菌灵烟剂1kg/亩熏闷棚12～24h灭菌。或采用40%嘧霉胺悬浮剂600倍液、50%敌菌灵可湿性粉剂400倍液、45%噻菌灵可湿性粉剂800倍液等进行地表和环境灭菌。

发病初期采用以下药剂防治：50%腐霉利可湿性粉剂1500～3000倍液、40%嘧霉胺可湿性粉剂800～1200倍液、50%嘧菌环胺可湿性粉剂1200倍液、30%福·嘧霉可湿性粉剂800～1000倍液、45%噻菌灵可湿性粉剂800倍液、50%异菌脲可湿性粉剂1000倍液、25%啶菌噁唑乳油1000～2000倍液、2%丙烷脒水剂800～1200倍液、50%异菌·福美双可湿性粉剂600～800倍液、50%腐霉·百菌可湿性粉剂800～1000倍液、30%异菌脲·环己锌乳油1000～1200倍液等，兑水喷雾，每5～7天防治1次。

5. 炭疽病

【病原】 辣椒刺盘孢菌和果腐刺盘孢菌，属半知菌亚门真菌。

【症状】 全生育期均可发病。主要为害果实、叶片和茎秆。发病初期叶片上出现水浸状褪绿斑，逐渐变成褐色病斑，中央灰白色，长有轮纹状黑色小点，边缘褐色，病叶易脱落。生长后期为害果实，成熟果受害较重，初期呈水渍状病斑，后扩大成长圆形或不规则形，病部凹陷，有稍隆起的同心轮纹，病斑边缘红褐色，中央灰色或灰褐色，同心轮纹上着生黑色小点。湿度大时，病斑产生粉红色黏稠物，干燥时病斑常干缩开裂。茎及果梗受害，病斑褐色凹陷，呈不规则形，表皮易破裂（彩图15、彩图16）。

【发生规律】 病菌随病残体在土壤中越冬或种子带菌。病菌从伤口或直接由表皮侵入，随雨水、灌溉水、昆虫和农事操作传播，形成初侵染，发病后病部产生分生孢子形成频繁再侵染。发病适温为12～33℃，最适温度27℃，适宜相对湿度为85%～95%，湿度低于70%时不易发病，属高温高湿型病害。棚室湿度高，叶片吐水或结露，田间排水不良，行间郁闭，通风不畅，偏施氮肥均可诱发该病发生。

【防治方法】

1）农业措施。棚室辣椒提倡高垄覆膜、膜下暗灌或滴灌的栽培模式，避免田间积水。加强棚室温、湿度管理，及时放风降湿。避免阴雨天或露水未干前进行整枝、采收等农事操作，避免偏施氮肥。及时清除病果或病残体，收获后进行环境灭菌。

2）化学防治。发病初期可采用以下药剂防治：80%代森锰锌可湿性粉剂800倍液、25%溴菌腈可湿性粉剂800倍液、25%嘧菌酯悬浮剂1000～1500倍液、50%异菌脲悬浮剂1500倍液、40%多硫悬浮剂400倍液、70%甲基硫菌灵可湿性粉剂700倍液、30%苯噻氰乳油2000倍液、10%苯醚甲环唑水分散粒剂1000～1500倍液、40%多·福·溴菌腈可湿性粉剂800～1000倍液、25%咪酰胺乳油1000～1500倍液、60%唑醚·代森联水分散粒剂1500～2000倍液等，兑水喷雾，每7～10天防治1次。

6. 根腐病

【病原】 腐皮镰孢菌，属半知菌亚门真菌。

【症状】 多发生于定植后，主要为害根和根颈。辣椒定植后，起初病株白天枝叶萎蔫，傍晚至第二天早晨恢复，反复多日后整株枯死。病株的根颈部及根部皮层呈浅褐色至深褐色腐烂，极易剥离，露出暗色的木质部，病部一般仅局限于根及根颈部（彩图17、彩图18），有别于枯萎病。幼苗也可发病，病苗根颈以下变褐坏死，维管束组织变褐，地上部逐渐萎蔫死亡。

【发病规律】 病菌以厚垣孢子、菌丝体或菌核随病残体在土壤中越冬，其中厚垣孢子可在土壤中存活5～10年，为引发病害的主要侵染源。病菌从根部伤口侵入，发病后在病部产生分生孢子，借雨水或灌溉水传播蔓延，进行再侵染，高温高湿、昼暖夜凉的天气利于发病。连作，地势低洼积水，田间郁闭高湿或施用未腐熟的有机肥会加重病情。

【防治方法】

1）农业措施。合理轮作，施用充分腐熟农家肥，精细整地，采用高畦覆膜栽培。严禁大水漫灌，避免雨后田间积水。注意防治地下害虫。浇水后及时松土，增强土壤透气性。

2）化学防治。发病初期可采用以下药剂防治：50%多菌灵可湿性粉剂500倍液、25%嘧菌酯悬浮剂1000～2000倍液、45%噻菌灵悬浮剂1000倍液、25%丙环唑乳油1500倍液、98%噁霉灵可湿性粉剂2500倍液、5%丙烯酸·噁霉·甲霜水剂800～1000倍液、80亿/mL地衣芽孢杆菌水剂500～700倍液等灌根，每株浇灌药液150～300mL。

7. 褐斑病

【病原】 尾孢霉菌，属半知菌亚门真菌。

【症状】 主要为害叶片。在叶片上形成圆形或近圆形病斑，初为褐色，后渐变为灰褐色，表面稍隆起，周缘有黄色的晕圈，病斑中央有一个浅灰色中心，四周黑褐色，严重时病叶变黄脱落（彩图19）。茎部也可染病，症状类似。

【发病规律】 病菌可随病残体于土壤中或附着于种子上越冬，成为第二年初侵染源。病害常始于苗床，盛发于田间，发病适温20～25℃，高温高湿利于该病扩展。

【防治方法】

1）农业措施。氮、磷、钾配合施肥，采用高畦或高垄覆膜栽培，合理轮作。避免田间积水，棚室及时通风降湿。采收后彻底清除病残株及落叶，集中烧毁。

2）化学防治。发病初期可采用以下药剂防治：80%代森锰锌可湿性粉剂500～600倍液、1∶1∶200倍式波尔多液、75%百菌清可湿性粉剂500～600倍液、53.8%氢氧化铜干悬浮剂1000倍液、40%氟硅唑乳油 8000 倍液、70% 甲基硫菌灵可湿性粉剂 500 倍液、50% 腐霉利可湿性粉剂 1000 倍液、50% 异菌脲悬浮剂 800 ~ 1000 倍液、20% 苯醚·咪鲜胺微乳剂 2500 ~ 3000 倍液等，兑水喷雾，每 7 ~ 10 天防治 1 次。

8. 黑霉病

【病原】 匐柄霉菌，属半知菌亚门真菌。

【症状】 主要为害辣椒果实。产生浅褐色不规则形病斑，大小 10 ~ 26mm，此病斑与日灼病有关，多在日灼的基础上，病斑变薄下陷，后逐渐长出黑霉，湿度大时，黑霉扩展，有时布满整个病斑（彩图 20），有时病斑融合，形成更大的病斑。高湿条件下也可为害叶片。

【发病规律】 病菌随病残体在土壤中越冬，第二年通过气流、雨水、灌溉水等传播，病菌侵入寄主后产生分生孢子进行再侵染，属高温高湿型病害，多在果实即将成熟或成熟时发病。湿度大时叶片也会发病。

【防治方法】

1）农业措施。合理轮作，施用充分腐熟农家肥，精细整地，采用高畦覆膜栽培。严禁大水漫灌，避免雨后田间积水。浇水后及时松土，增强土壤透气性。

2）化学防治。可与辣椒炭疽病兼治。

9. 白星病

【病原】 辣椒叶点霉菌，属半知菌亚门真菌。

【症状】 苗期、成株期均可发病，主要为害叶片。病斑初期表现为圆形或近圆形边缘呈深褐色的小斑点，稍隆起，中央白色或灰白色，后期病斑上散生黑色小点，即病菌分生孢子器，有时病斑穿孔，发病严重时叶片脱落（彩图 21）。

【发病规律】 病菌以分生孢子器随病残体在土壤中或附着于种子上越冬。第二年条件适宜时形成初侵染，借气流、雨水、灌溉水等传播蔓延进行再侵染。发病适温 25 ~ 28℃，相对湿度高于 85% 易发病，属高温高湿型病害。

【防治方法】

1）农业措施。实行轮作，及时清除病残体，减少初侵染源。采用配方施肥技术，加强温度、湿度管理，及时排除田间积水，加强通风透光。

2）化学防治。发病初期可采用以下药剂防治：80%代森锰锌可湿性粉剂600倍液、40%氟硅唑乳油8000倍液、10%苯醚甲环唑水分散粒剂8000倍液、50%异菌脲可湿性粉剂1500倍液、40%多硫悬浮剂500倍液、45%噻菌灵可湿性粉剂1000倍液、50%嘧菌酯水分散粒剂4000~6000倍液等，兑水喷雾，每7~10天防治1次。

10. 枯萎病

【病原】 尖镰孢菌萎蔫专化型，属半知菌亚门真菌。

【症状】 属系统侵染性病害。发病初期植株下部叶片大量脱落，与地面接近的茎基部皮层呈现水渍状腐烂，地上部茎叶迅速凋萎（彩图22）。有时病部只在茎的一侧发展，形成条状坏死区，后期全株枯死。地下部根系也呈现水渍状软腐，皮层极易剥落，纵剖茎部，可见维管束变褐。湿度大时，病部常产生白色或蓝绿色的霉状物。

【发病规律】 主要以厚垣孢子在土壤中越冬。第二年条件适宜时借气流、雨水、灌溉水传播，从根部或茎基部伤口、根毛侵入致叶片萎蔫。发病适温为24~28℃，最高37℃，最低17℃。雨后积水，偏施氮肥地块发病重。

【防治方法】

1）选择抗病品种。选择排水良好的壤土或沙壤土地块栽培，雨后及时排水。采用高畦栽培方法。注意不要伤根。

2）土壤处理。结合整地，拌土撒施50%福美双可湿性粉剂3~5kg/亩、60%五氯硝基苯粉剂3~5kg/亩或70%甲基硫菌灵可湿性粉剂3~5kg/亩进行土壤消毒。

3）定植前蘸根。定植前可用70%噁霉灵可湿性粉剂1500倍液或70%敌磺钠可湿性粉剂800倍液蘸根。

4）该病发生后难以防治，应及时拔除病株并消毒。发病初期可采用以下药剂防治：54.5%噁霉·福可湿性粉剂700倍液、50%苯菌灵可湿性粉剂1000倍液、70%噁霉灵可湿性粉剂2000倍液、10%多抗霉素可湿性粉剂600~1000倍液、4%嘧啶核苷类抗生素水剂600~800倍液、8×10^8CFU/mL地衣芽孢杆菌水剂500~700倍液、70%甲基硫菌灵可湿性粉剂1000倍液+60%琥·乙磷铝可湿性粉剂500倍液等，兑水灌根，每株灌药400~500mL，每5天灌1次，连灌2~3次。

二 细菌性病害

1. 疮痂病

【病原】 野油菜黄单孢杆菌辣椒斑点病致病变种，属细菌。

【症状】 又称细菌性斑点病，可为害叶片、茎蔓、果实及果柄等。幼苗发病，子叶产生银白色小斑点，渐呈水渍状，后发展成为暗色凹陷斑。叶片染病，初现许多圆形或不整齐水浸状斑点，黑绿色至黄褐色，有时出现轮纹，病部隆起，呈疮痂状（彩图23），病斑大小0.5~15mm，多个病斑可融合成较大斑点，引发落叶。茎蔓染病，病斑呈不规则条斑或斑块，后木栓化或纵裂为疮痂状；果实染病，出现圆形或长圆形病斑，稍隆起，墨绿色，后期木栓化（彩图24）。

【发病规律】 病原细菌可随病残体在土壤中或附着在种子上越冬，成为初侵染源。该菌与寄主叶片接触后从气孔侵入，潜育期3~5天。病菌在细胞间隙繁殖，致表皮组织增厚形成疮痂状，病痂上溢出的菌脓借雨滴飞溅或昆虫传播蔓延。此病多发于高温多雨七八月间，尤其是暴风雨后容易流行。发病适温为27~30℃，高湿持续时间长、叶面结露对该病发生和流行至关重要。

【防治方法】

1）农业措施。选用抗病品种，如早丰1号、长丰、湘研3号、5号、6号、16号、20号，湘运3号等。实行2~3年轮作。雨后及时排水，加强中耕除草，棚室栽培注意通风降湿。

2）种子消毒。先把种子用清水浸泡10~12h后，再用0.1%硫酸铜溶液浸5min，捞出后拌少量草木灰或消石灰，使其近中性再行播种，也可用52℃温水浸种30min后移入冷水中冷却再催芽。

3）化学防治。发病初期和雨后可采用以下药剂防治：20%噻菌铜悬浮剂1000~1500倍液、3%中生菌素可湿性粉剂600~800倍液、47%春雷·氧氯化铜可湿性粉剂700倍液、50%氯溴异氰尿酸可溶性粉剂1500~2000倍液、45%代森铵水剂600倍液、36%氧化亚铜水分散粒剂1000倍液、72%农用链霉素可溶性粉剂3000倍液等，兑水喷雾，每7~10天喷1次，连续防治2~3次。

2. 细菌性叶斑病

【病原】 丁香假单孢杆菌，属细菌。

【症状】 主要为害叶片，叶片发病初呈黄绿色不规则水浸状小斑点，扩大后变为红褐色或深褐色至铁锈色，病斑膜质，大小不等，不规则。该病一经侵染，扩展速度快，严重时叶片大部脱落（彩图25、彩图26）。细菌性叶斑病病健交界处明显，但不隆起，此点区别于疮痂病。

【发病规律】 病菌随病残体在土壤中或附着于种子上越冬。借风雨或灌溉水传播，从叶片伤口处侵入。发病适温为25~28℃，最高35℃，最低5℃，相对湿度高于90%易于流行。通常辣椒连作或与甜菜、白菜等十字花科蔬菜连作地发病重，雨后扩展迅速。东北及华北地区通常6月始发，7~8月高温多雨季节蔓延快，9月后气温降低，扩展缓慢或停止。

【防治方法】

1）农业措施。避免连作，采用高垄或高畦栽培，覆盖地膜，雨季注意排水，避免大水漫灌。收获后及时清除病残体或及时深翻。

2）种子消毒。播前用种子重量0.3%的50%琥胶肥酸铜可湿性粉剂或50%敌克松可湿性粉剂等拌种。

3）药剂防治。发病初期和雨后可采用以下药剂防治：50%琥胶肥酸铜可湿性粉剂500倍液、14%络氨铜水剂300倍液、50%氯溴异氰尿酸可湿性粉剂600~1000倍液、20%喹菌铜水剂1000~1500倍液、77%氢氧化铜可湿性粉剂400~500倍液、20%噻唑锌悬浮剂600~800倍液、20%叶枯唑可湿性粉剂600~800倍液、72%农用硫酸链霉素可溶性粉剂4000倍液等，兑水喷雾，每7~10天喷1次，连续防治2~3次。

三 辣椒病毒病

【病原】 主要有黄瓜花叶病毒（CMV）、烟草花叶病毒（TMV）、马铃薯X病毒（PVX）、马铃薯Y病毒（PVY）等。

【症状】 常见有花叶（彩图27）、黄化（彩图28）、坏死（彩

图 29）、畸形（彩图 30）4 种症状，由种子带毒或由昆虫（蚜虫等）传毒，有褐斑，但不腐烂，也无异味。

1）花叶型：分为轻型花叶和重型花叶两种。轻型花叶病叶初期明脉轻微褪绿，或呈现深、浅绿相间的斑驳，病株无明显畸形或矮化，不造成落叶；重型花叶病叶除表现褪绿斑驳外，叶面凹凸不平，叶脉皱缩畸形或形成线形叶。

2）黄化：病叶明显变黄，出现落叶现象。

3）坏死：病株部分组织变褐坏死，表现为条斑、顶枯、坏死斑及坏斑等。

4）畸形：病株变形，如叶片变成线状，即蕨叶，或植株矮小，分枝极多，呈丛枝状。果实发病，果面呈现深绿和浅绿相间的花斑，有疣状突起，果实易脱落。

【发病规律】 辣椒病毒病传播途径主要可分为虫传和接触传染两大类。可借虫传的病毒主要有黄瓜花叶病毒、马铃薯 Y 病毒，其发生与蚜虫和蓟马的发生情况关系密切，特别遇高温干旱天气，不仅可促进蚜虫传毒，还会降低寄主的抗病性。传播辣椒病毒病的蓟马有茶黄蓟马和棕榈蓟马。烟草花叶病毒靠接触及伤口传播，通过整枝打杈等农事操作传染，还可在病残体和多种作物上越冬，种子也可带毒。5 月底和 6 月上旬为病毒病易感期。地势低洼，容易积水，果实膨大期缺水干旱，土壤中缺钙、钾等元素，定植晚，连作地块等均易发病。

【防治方法】

1）农业措施。选择抗病品种。适时播种，培育壮苗，增强植株抗性。施足基肥，勤浇水。露地栽培可与高粱、玉米等高秆作物间作或田间铺设银灰色地膜避蚜均可减轻病毒病发生。田间发现病株及时拔除。

2）种子处理。用 10% 磷酸三钠溶液浸种 20～30min 或 0.1% 高锰酸钾溶液浸种 30min 后洗净催芽。在分苗、定植前或花期分别于叶面喷施 0.1%～0.2% 硫酸锌溶液。

3）药剂防治。

① 蚜虫、白粉虱是病毒传播的主要媒介，可用以下杀虫剂进行

喷雾防治：240g/L 螺虫乙酯悬浮剂 4000～5000 倍液、10% 吡虫啉可湿性粉剂 1000 倍液、3% 啶虫脒乳油 2000～3000 倍液、25% 噻虫嗪可湿性粉剂 2500～5000 倍液、2.5% 高效氯氟氰菊酯水乳剂 1500 倍液、10% 烯啶虫胺水剂 3000～5000 倍液。

② 使用病毒钝化剂、增抗剂。钝化剂：把豆浆、奶粉等高蛋白物质稀释成 100 倍液，每 10 天喷施 1 次，连喷 3 次，可减少病毒病的发生。增抗剂：可用 83 增抗剂稀释成 100 倍液，在定植前 15 天和定植前 2 天各喷施 1 次，定植半月后再喷施 1 次，可减轻病毒侵染，具有抗病增产效果。

③ 发病前期和初期可采用以下药剂防治：20% 吗胍·乙酸铜可湿性粉剂 500 倍液、25% 吗胍·硫酸锌可湿性粉剂 500 倍液、2% 宁南霉素水剂 150～250 倍液、1.5% 硫铜·烷基·烷醇乳剂 1000 倍液、7.5% 菌毒·吗啉胍水剂 400～500 倍液、4% 嘧肽霉素水剂 200～300 倍液、31% 氮苷·吗啉胍可湿性粉剂 800 倍液等，兑水喷雾，视病情每 7～10 天喷 1 次，连续防治 2～3 次。

【提示】 辣椒畦表铺草，可降低地温，保持土壤湿润，是预防病毒病发生蔓延最有效的措施之一。微碱性土壤和叶面喷 pH 为 7～7.5 的生石灰液可抑制病毒病发生。

第二节　辣椒生理性病害诊断及防治

1. 脐腐病

【症状】 又称辣椒蒂腐病、顶腐病，是一种生理性病害。发病初期，果实顶端出现暗绿色水渍状斑点（彩图 31）。以后病斑迅速扩大，继而组织皱缩，凹陷。由于弱寄生菌的侵染，病部变成黑色，但仍很坚实。如果遇辣椒软腐病菌侵入，也可引起果实变软，腐烂。

【病因】 主要由于植株生理缺钙或土壤水分供应失调所致。辣椒植株缺钙影响对硝态氮的吸收，有机酸积累增加，使草酸钙形成过多，不能被钙中和而引起脐部细胞生理紊乱，最后坏死脐腐。干旱条件下供水不足或忽干忽湿，使辣椒根系吸水受阻，由于叶片蒸腾量大，供应果实的水分被叶片夺走，导致果实大量失水，果肉坏死，引发病害。高温干旱，雨后骤晴或植株土壤缺水，施用铵态氮肥或钾肥过多，土壤盐渍化等均可加重病害。

【防治方法】

1）农业措施。①科学施肥：避免一次性过量施用铵态氮肥或钾肥，酸化土壤及时用石灰中和。②均衡供水：土壤湿度不宜剧烈变化，结果期均匀灌水防止高温危害，严禁在中午高温干旱时浇水。露地栽培辣椒多雨年份平时应适当勤浇水，以防雨后水分骤增，雨后及时排水避免田间积水。

2）化学防治。进入结果期后，每7天喷1次1%过磷酸钙溶液、0.1%~0.3%氯化钙或硝酸钙溶液或绿芬威3号钙肥，连续喷2~3次，效果很好，可避免发生脐腐病。

2. 辣椒日灼病

【症状】 幼果和成熟果均可受害，果实受强烈阳光直射后向阳果面出现灰白色或微黄色圆形小斑，略微皱褶，病部果肉逐渐失水变薄，近革质，半透明，组织坏死发硬绷紧，易破裂（彩图32）。后期病部为病菌或腐生菌类感染，长出黑色、灰色、粉红色或杂色霉层，病果易腐烂。

【病因】 属生理性病害。主要是因叶片遮阴不好，果实受强烈阳光直射部位温度上升，水分大量蒸发致使果面局部温度过高而烧伤。通常果实阳面和阴面温差越大发病越重。土壤缺水，天气过度干热，雨后暴晴，土壤黏重，低洼积水，植株因水分蒸腾不平衡，引起涝性干旱等因素均可诱发日灼病。在病毒病发生较重的田块，因疫病等引起死株较多的地块，过度稀植等，日灼病尤为严重。钙素在辣椒水分代谢中起重要作用，土壤中钙质淋溶损失较大，施氮过多，引起钙质吸收障碍等生理因素也与日灼病的发生有一定的关系。

【防治方法】

1）合理密植和间作。大垄双行密植，可使植株相互遮阴，减少阳光下果实暴露。与玉米、高粱等高秆作物间作，利用高秆作物的遮阴条件，减轻日灼的危害，还可改善田间小气候，增加空气湿度，减轻干热风的危害。

2）合理灌水。结果盛期以后，应小水勤灌，上午浇水，避免下午浇水。特别是黏性土壤，应防止浇水过多而造成的缺氧性干旱。

3）根外施肥：坐果后叶面喷施 0.1% 硝酸钙，每 10 天左右施 1 次，连用 2~3 次。

4）棚室辣椒越夏栽培可覆盖遮阳网，减弱强光。

3. 辣椒生理性卷叶

【症状】 发生生理性卷叶时，辣椒叶片纵向上卷，呈筒状，变厚、变脆、变硬。卷叶减少了叶片光合作用面积，对产量有影响。

【病因】 土壤干旱，空气干燥。过量偏施氮肥。土壤中缺铁、锰等微量元素。

【防治方法】 适时、均匀浇水，避免土壤过干过湿。保护地栽培辣椒在高温季节要及时放风。空气干燥造成卷叶时可在叶面喷水或浇水。发生缺素所致的卷叶，可对症喷施复合微肥 1~2 次。

4. 辣椒落花、落叶、落果

【症状】 辣椒出现落花、落叶、落果现象。

【病因】

1）冬、春季气温低，尤其气温低于 15℃、地温低于 5℃时辣椒根系停止生长，授粉受精不好，易产生“三落”现象。

2）春、夏生产中室温超过 35℃，地温超过 30℃，高温干旱，辣椒授粉受精不良，根系发育不良，也容易落花落果。

3）缺乏肥料或施用未腐熟有机肥，造成烧根，根系功能受损伤，养分不足，易发生“三落”。

【防治方法】

1）环境调控。早春注意提高地温和气温，保持气温 15℃和地温 18℃以上；夏季注意降温，气温不要超过 30℃。

2）合理浇水，不可过多过少，忽干忽湿。

3）合理施肥，增施磷、钾肥，生育前期注意控水控肥，促进根系生长，后期加强肥水管理，促果实膨大。

5. 辣椒的高温障碍

【症状】 棚室栽培时，棚内持续较长时间高温，辣椒叶片出现黄色至浅黄褐色不规则形病斑，叶缘开始呈现漂白色，后变为黄色。轻者仅叶缘受伤，重者波及半个或整个叶片，形成永久性萎蔫或干枯。果实受害往往出现日灼伤果。露地栽培植株没有封垄，叶片遮盖不好，干旱缺水又遭遇太阳暴晒，也会出现高温障碍。

【病因】 棚室栽培辣椒白天气温超过35℃或40℃高温持续4h以上，夜间气温在20℃以上，空气干燥或土壤缺水，未放风或放风不及时，易造成叶片表皮细胞被灼伤产生高温障碍。

【防治方法】

1）越夏栽培需选用耐热品种。

2）棚室栽培注意浇水、遮阴和放风降温。

3）露地栽培要实行合理密植。

4）提倡与玉米等高秆作物间作，利用遮阴降低温度。

6. 辣椒畸形果

【症状】 畸形果即变形果（彩图33），如扭曲果、皱缩果、僵果等。

【病因】 畸形果发生的原因有多个方面：

1）受精不完全。辣椒花粉萌发的适温为20～30℃，温度过高，则花粉发芽率降低，容易产生畸形果。当温度低于13℃时，不能正常进行受精，易出现单性结实，形成僵果。形成短柱花时，也会造成授粉受精不良产生畸形果。

2）肥水不足，果实得到的养分少或不均匀，也容易出现畸形果。

3）根系发育不良或受损，辣椒地上部和地下部的生长平衡破坏，容易出现先端细小的尖形果。

【防治方法】

1）保持适宜温度条件，保障正常授粉受精。

2）肥水正常供应，促根发育。

3）结果期叶面喷施叶面肥，及时补充营养，确保植株健壮生长，可减少畸形果发生。

7. 辣椒沤根

【症状】 苗出土或田间定植后不发新根，幼根根皮表面呈锈褐色，逐渐腐烂（彩图34），地上不出现萎蔫，后逐渐干枯死亡。

【病因】 由苗期长时间低温高湿引发。沤根多发生在早春季节，幼苗在低温环境下不易发新根，植株吸收得不到足够的养分，加之土壤湿度大，根系进行无氧呼吸，易造成根系腐烂。

此外，苗床浇水过多，遇连阴天等都可加重病害。

【防治方法】

1）培育壮苗。早春采用电热温床或远红外电热膜育苗可防止幼苗沤根的发生；采取护根育苗或定植囤苗也可防止田间定植后沤根的发生。

2）地膜覆盖。早春田间覆盖地膜，能提高地温，促发新根，防止沤根的发生。

3）暗水定植。暗水定植可防止因浇定植水而使地温下降，地温上升快，利于促发新根。暗水定植的方法是定植前先浇水造墒，待干湿适宜时，整地做畦，定植时采取开定植穴→穴中灌水→栽苗→覆土的操作程序，定植后地表不见水。

4）加强苗床管理。苗床要控制浇水，及时通风排湿；采用多层覆盖方法提高苗床温度。

第三节 辣椒主要虫害诊断及防治

1. 烟青虫

【为害分布】 属鳞翅目，夜蛾科，是蔬菜蛀食性害虫，全国各地均有分布。

【为害与诊断】 以幼虫蛀食寄主的蕾、花、果实为主，造成落蕾、落花、落果或虫果腐烂，易诱发软腐病。如果不及时防治，蛀果率达30%，高者可达80%。也可为害嫩叶和嫩茎，将其食成孔洞。

成虫黄褐色，前翅长度短于体长，翅上有肾状纹、环状纹和各条横线。卵稍扁，浅黄色，卵孔明显。幼虫有绿色、灰褐色、绿褐色等多种体色，前胸两根侧毛的连线远离前胸气门下端；体表小刺较短。老熟幼虫呈绿褐色，长约40mm，体表光滑，体背有白色点线，各节有瘤状突起，上生黑色短毛（彩图 35）。蛹体前段粗短，气门小而低，很少突起。

【发生规律】 各地烟青虫一般 1 年发生 2～5 代，以蛹在土中越冬。成虫昼伏夜出，对黑光灯有较强趋性，对杨柳树枝也有趋性。1～2龄幼虫蛀食花蕾和叶片，3 龄幼虫食量增大，白天躲藏，仅夜间取食，喜蛀食辣椒果实。在近果柄处咬成孔洞，钻入果内食果肉和胎座，遗留粪便引起果实腐烂。有转果危害习性，1 头幼虫可危害 3～5个果，造成大量落果或烂果。幼虫有假死和自相残杀的习性。

【防治方法】

1）农业防治。①辣椒种植地块，四周以种植玉米、高粱等高秆非茄科作物为宜，尽量避免种植烤烟等作物。②及时清理落花、落果，并摘除蛀果，带出田外进行深埋，以防幼虫再次转果危害。收获结束后深耕土壤，破坏土中蛹室。

2）物理防治。①使用频振式杀虫灯。频振式杀虫灯每 3.33～4.0 公顷安装一盏，接口处离地面 1.2～1.5m。每隔 2～3 天清理一次接虫袋，诱杀高峰期需每天清理一次。②性诱剂诱杀成虫。性诱剂每个诱芯控制面积为 667m^2，使用时间为 20 天左右。③糖酒醋液诱杀。配制比例为酒 1 份、水 2 份、糖 3 份、醋 4 份，采用诱集器进行诱杀。诱集器可自己制作，每亩设立 5～6 个，放置糖酒醋液的器皿离地面高度 1.5m 左右。

3）生物防治。虫卵孵化高峰期，可喷施 BT 乳剂、核型多角体病毒（NPV）2 次，防效较好。还可释放赤眼蜂或草蛉防控卵和幼虫。

4）药剂防治。百株卵量达 20～30 粒时可采用以下药剂防治：1% 甲氨基阿维菌素甲酸盐微乳剂 3000～4000 倍液、2.5% 氯氟氰菊酯乳油 1500～3000 倍液、4.5% 高效氯氰菊酯乳油 1500～3000 倍液、20% 虫酰肼悬浮剂 1500～3000 倍液、2.5% 溴氰菊酯乳油 1500～3000 倍液、5% 氟苯脲乳油 800～1500 倍液、8000 国际单位/mL苏云杆菌可湿性粉剂 1000～1500 倍液、10 亿 PIB 棉铃虫核型多角体病毒可湿性粉剂 700～1500 倍液等，兑水喷雾，视虫情连续防治 2～3 次。

【提示】烟青虫防治宜早，一般在3龄前防治效果好。

2. 蚜虫

【为害分布】 辣椒田多为棉蚜，属同翅目蚜科。全国各地均有分布，是病毒病等多种病害的传播媒介，对辣椒生产危害较大。

【为害与诊断】 成虫及若虫栖息在叶背面和嫩梢、嫩茎上吸食汁液（彩图36）。辣椒幼苗嫩叶及生长点受害后，叶片卷缩。危害严重时整张叶片卷成一团，生长停滞。

无翅孤雌蚜体长1.5~1.9mm，夏季多为黄色，春、秋季为墨绿色至蓝黑色。有翅孤雌蚜体长1.2~1.9mm，头、胸黑色。无翅胎生蚜体长1.5~1.9mm，夏季黄色、黄绿色，春、秋季墨绿色。有翅胎生蚜体黄色、浅绿色或深绿色。若蚜黄绿色至黄色，也有蓝灰色的。

【发生规律】 华北地区每年发生10多代，长江流域发生20~30代。以卵在越冬寄主或以成虫、若虫在保护地内越冬繁殖。第二年春季6℃以上时开始活动，北方地区于4月底有翅蚜迁飞到露地蔬菜等植物上繁殖危害，秋末冬初又产生有翅蚜迁入保护地。春、秋季和夏季分别10天左右和4~5天繁殖1代。繁殖适温为16~20℃，北方地区气温超过25℃，南方超过27℃，相对湿度75%以上不利于其繁殖。

【防治方法】

1）农业措施。棚室通风口处加装防虫网，及时拔除杂草、残株等。

2）积极推行物理防治和生物防治方法。物理防治方法：在温室辣椒上方张挂30cm×50cm粘虫黄板（每亩20~30张），高度与植株顶端平齐或略高为宜，悬挂方向以板面东西向为佳。或采用银灰色地膜覆盖驱避蚜虫。生物防治方法：可在棚室内放养丽蚜小蜂等天敌治蚜。具体方法是辣椒定植后1周左右，初期可按照3头/m^2的标准，撕开悬挂钩将卵卡悬挂于植株下部，根据虫害发生情况，每7天释放1次，持续释放3~4次直至虫害得以控制为止。具体方法参照卵卡说明书进行。

3）药剂防治。适时进行药剂防治：棚室可采用10%敌敌畏烟熏剂、15%吡·敌畏烟熏剂、10%灭蚜烟熏剂、10%氰戊菊酯烟熏剂等，每次用量0.3～0.5kg/亩。或采用10%吡虫啉可湿性粉剂1500～2000倍液、3%啶虫脒乳油2000～3000倍液、240g/L螺虫乙酯悬浮剂4000～5000倍液、25%噻虫嗪水分散粒剂6000～8000倍液、10%氯噻啉可湿性粉剂2000～3000倍液、20%氰戊菊酯乳油2000倍液、48%毒死蜱乳油3000倍液、2.5%三氟氯氰菊酯乳油3000～4000倍液、3.2%烟碱川楝素水剂200～300倍液、1%苦参素水剂800～1000倍液等，兑水喷雾，视虫情每7～10天防治1次。

3. 蓟马

【为害分布】 属缨翅目，蓟马科，目前在我国大部分地区均有分布，主要为害瓜类、茄果类和豆类蔬菜等。

【为害与诊断】 蓟马以锉吸式口器吸食嫩梢、嫩叶、花及果实的汁液。叶片受害易褪绿变黄，扭曲上卷，心叶不能正常展开。嫩梢等幼嫩组织受害，常枝叶僵缩，生长缓慢或老化坏死，幼果畸形等（彩图37）。

成虫体长1.0mm，金黄色。头近方形，复眼稍突出。单眼3只，红色，排成三角形。单眼间鬃间距较小，位于单眼三角形连线外缘。触角7节，翅2对，腹部扁长。卵长椭圆形，白色透明，长约0.02mm。若虫3龄，黄白色。

【发生规律】 蓟马在南方地区每年发生11余代，北方地区可发生8～10代。保护地内可周年发生，世代重叠。以成虫潜伏在土块、土缝下或枯枝落叶间越冬，少数以若虫越冬。温度和土壤湿度对蓟马发育影响显著，其正常发育的温度范围为15～32℃，土壤含水量以8%～18%最为适宜，较耐高温，夏、秋两季发生严重。该虫具有迁飞性、趋蓝性和趋嫩性，活跃、善飞、怕光，多在嫩梢、嫩叶和花蕾上取食，少数在叶背为害。雌成虫有孤雌生殖能力，卵散产于植物叶肉组织内。若虫怕光，到3龄末期停止取食，落土化蛹。

【防治方法】

1）农业措施。清除田间杂草、残株，消灭虫源。提倡地膜覆盖栽培，减少成虫出土或若虫落土化蛹。

2）物理防治。发生初期采用粘虫蓝板诱杀。在温室辣椒上方张挂30cm×40cm粘虫蓝板（每亩20张），高度与植株顶端平齐或略高为宜，悬挂方向以板面东西向为佳。

3）生物防治。棚室栽培可考虑人工放养小花蝽、姬猎蝽、草蛉等天敌进行生物防治。

4）药剂防治参考蚜虫。

4. 白粉虱

【为害分布】 白粉虱属同翅目，粉虱科，是北方棚室蔬菜栽培过程中普遍发生的虫害，可为害几乎所有的蔬菜类型，也是病毒病等多种病害的传播媒介。

【危害与诊断】 粉虱成虫或若虫群集以锉吸式口器在辣椒叶背面吸食汁液，致使叶片褪绿变黄，萎蔫。其分泌的大量蜜露可污染叶片和果实，诱发煤污病，造成辣椒减产或商品利用价值下降。

成虫体长1.0~1.5mm，浅黄色，翅面覆盖白色蜡粉。卵为长椭圆形，长约0.2mm，基部有卵柄，柄长0.02mm，从叶背气孔插入叶片组织中取食。初产时浅绿色，覆有蜡粉，而后渐变为褐色，孵化前呈黑色。若虫体长0.29~0.8mm，长椭圆形，浅绿色或黄绿色，足和触角退化，紧贴在叶片上营固着生活。4龄若虫又称伪蛹，体长0.7~0.8mm，椭圆形，初期体扁平，逐渐加厚，中央略高，黄褐色，体背有长短不齐的蜡丝，体侧有刺（彩图38）。

【发生规律】 白粉虱在北方温室内1年发生10余代，周年发生，无滞育和休眠现象，冬天在室外不能越冬。成虫羽化后1~3天可交配产卵，也可进行孤雌生殖，其后代为雄性。成虫有趋嫩性，在植株打顶以前，成虫总是随着植株的生长不断追逐顶部嫩叶产卵，虱卵以卵柄从气孔插入叶片组织中，与寄主植物保持水分平衡，极不易脱落。若虫孵化后3天内在叶背可做短距离游走，当口器插入叶组织后即失去爬行机能，开始营固着生活。白粉虱繁殖适温为18~21℃，温室条件下约1个月完成1代。冬季结束后由温室通风口或种苗移栽迁飞至露地，因此人为因素可促进白粉虱的传播蔓延。其种群数量由春至秋持续发展，夏季高温多雨对其抑制作用不明显，秋季数量达高峰，集中为害瓜类、豆类和茄果类蔬菜。北方棚室栽培区7、8月露地密度较大，8、9月危害严重，10月下旬后随气温下降逐渐向棚室内迁飞危害或越冬。

【防治方法】

1）农业措施。棚室通风口处加装防虫网，及时拔除杂草、残株等。

2）物理防治。在温室辣椒上方张挂30cm×50cm粘虫黄板（每亩20~30张），高度与植株顶端平齐或略高为宜，悬挂方向以板面东西向为佳。

3）生物方法。可在棚室内放养丽蚜小蜂等天敌防治。具体方法参照辣椒蚜虫生物防治方法。

4）药剂防治。虫害发生初期用下列药剂防治：烟熏法防治参考蚜虫。或采用10%吡虫啉可湿性粉剂1500~2000倍液、25%噻嗪酮可湿性粉剂1000~2000倍液、240g/L螺虫乙酯悬浮剂4000~5000倍液、25%噻虫嗪水分散粒剂6000~8000倍液、2.5%联苯菊酯乳油2000~2500倍液、3%啶虫脒乳油2000~3000倍液、48%毒死蜱乳油2000~3000倍液、10%氯氰菊酯乳油2500~3000倍液等，兑水喷雾，视虫情每7天左右防治1次，连续防治2~3次。

5. 茶黄螨

【为害分布】 属蜱螨目，跗线螨科，全国各地均有分布，可为害茄果类、瓜类、豆类等30科70多种作物，一般可造成减产10%~30%，严重时可达80%~100%。

【为害与诊断】 茶黄螨以刺吸式口器吸取植物汁液为害。可为害叶片、新梢、花蕾和果实。叶片受害后，变厚、变小、变硬，叶背面呈茶锈色，油渍状，叶缘向背面卷曲，嫩茎呈锈色，梢顶端枯死，花蕾畸形，不能开花。果实受害后，果面黄褐色粗糙，果皮龟裂，种子外落，严重时呈馒头开花状。茶黄螨具趋嫩性，喜食幼嫩部位，受害症状在顶部的生长点显现，中下部无症状（彩图39）。

雌螨长约0.21mm，体躯阔卵形，腹部末端平截。体分节不明显，浅黄至黄绿色，半透明有光泽，沿背中线有1条白色条纹。足较短，4对，第4对足纤细，其跗节末端有端毛和亚端毛。雄螨体长约0.19mm，体躯近六角形，腹部末端圆锥形，体色浅黄至黄绿色，腹末有锥台形尾吸盘，足较长且粗壮。幼螨长约 0.11mm，近椭圆形，浅绿色。卵长约 0.1mm，椭圆形，无色透明，表面有纵向排列的 5～6 行白色瘤状突起。

【发生规律】 各地每年可发生几十代，有世代重叠现象，棚室中全年均有发生。露地蔬菜以 6～9 月受害较重，一般 7～9 月为盛发期，10 月后随气温下降数量随之减少。生长迅速，在 18～20℃下，7～10 天可发育 1 代，在 28～30℃下，4～5 天发生 1 代。茶黄螨生长的最适温度为 16～23℃，相对湿度为 80%～90%。以两性生殖为主，也可进行孤雌生殖，但未受精的卵孵化率低，且均为雄性。单雌产卵量为百余粒，卵多散产于嫩叶背面和果实的凹陷处。成螨活动能力强，靠爬迁或自然力扩散蔓延。大雨对其有冲刷作用。

【防治方法】

1）农业措施。及时清除棚室内外杂草、枯枝败叶，以减少虫源。有条件的地区可人工放养天敌捕食螨进行生物防治。

2）药剂防治。发现茶黄螨在田间危害，田间卷叶株率达到 0.5% 时采用下列药剂防治：5% 噻螨酮乳油 1500～2000 倍液、20% 双甲脒乳油 2000～3000 倍液、1.8% 阿维菌素乳油 2000～3000 倍液、40% 联苯菊酯乳油 2000～3000 倍液、15% 哒螨灵乳油 2000～3000 倍液、30% 嘧螨酯悬浮剂 2000～4000 倍液、73% 炔螨特乳油 2000～3000 倍液、25% 灭螨猛可湿性粉剂 800～1000 倍液、1.2% 烟碱·苦参碱乳油 1000～1500 倍液等，兑水喷雾，视虫情每 7～10 天防治 1 次。喷药时重点喷洒植株上部的幼嫩部位，如嫩叶背面、嫩茎、花器、幼果等。保护地栽培可用 10% 哒螨灵烟剂 400～600g/亩熏烟防治。

【提示】 噻螨酮无杀成虫作用，因此应在茶黄螨发生初期使用，并与其他杀螨剂配合使用。

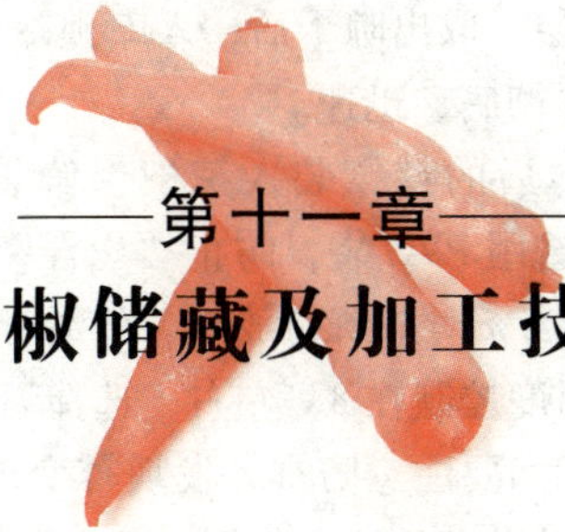

第十一章 辣椒储藏及加工技术

第一节　辣椒的储藏技术

一　辣椒的储藏特性

辣椒原产于南美热带地区，不耐低温，适宜储藏温度为8～12℃，低于6℃时间稍长易引发冷害，导致水浸状软烂或出现脱色圆形水烂斑点，进而被病菌侵染而腐烂。

一般皮色黑绿、皮厚、辣味足的晚熟品种较耐储运。储藏中还应注意田间病害的影响。病害多发地块产的辣椒不耐储，重茬地块辣椒不耐储，肥力不足、干旱或湿涝的地块辣椒也不耐储。

辣椒对乙烯很敏感，乙烯可刺激其转红成熟，储藏中减少乙烯产生是辣椒储藏保鲜的关键之一。

二　常见病害

辣椒在储藏期间常发病害主要有软腐病、白霉菌和黑霉菌病，应加以预防。

三　储藏方法（冷藏）

1）库房严格消毒。用甲醛、过氧乙酸、漂白粉等熏蒸，喷洒，彻底消毒。

2）就近采收，选择病害少、长势旺盛的地块，要求辣椒果实饱满、质地坚实、果实完整、皮色黑亮，剔除劣果、病果。装筐或装箱运输，尽量避免运输中的碰撞、挤压。

3）浸保鲜剂。入库前在杀菌保鲜剂中浸泡2~3min，以杀灭表面病菌，并形成保护层。取出晾干后，入库预冷。

4）预冷。预冷要彻底、迅速。

5）装袋。将预冷后的辣椒装入辣椒保鲜袋内，每5~10kg一袋，扎口。保鲜袋应选用PVC袋，防止“出汗”和气体中毒（二氧化碳），二氧化碳达到5%时应解口放风，放风时间1h左右。

6）控温。冷藏温度控制在8℃左右，选择温差0.5℃。

7）防霉。储藏期间要注意防霉，发现霉变现象，及时用保鲜烟雾剂熏蒸。储藏措施得当、条件完备下，辣椒可保鲜2.5~3个月。

第二节　辣椒的加工技术

辣椒全身是宝，富含辣椒碱、二氢辣椒碱、辣椒红素、辣椒玉红素、β-胡萝卜素、碳水化合物、大量的维生素C以及钙、磷等。其中，辣椒红素、辣椒玉红素已被美国、英国、日本、EEC、WHO和中国国标等组织审定为无限制性使用的天然食品添加剂，在国际市场上非常紧俏。辣椒碱和二氢辣椒碱是辣椒中的辛辣成分，具有生理活性和消炎镇痛作用，内服可以促进胃液分泌，增进食欲，缓解胃肠胀气，改善消化功能和促进血液循环；外用可以治疗牙痛、肌肉痛、风湿病和皮肤病等疾病，对治疗神经痛也有显著疗效。辣椒还可加工成各种食品，如辣椒酱、辣椒脆片、辣椒油、辣椒粉等。因此，对辣椒进行深加工综合开发利用，可大大提高其生产附加值和产出效益。常见辣椒制品的加工生产技术如下。

一　酸辣椒的泡制

酸泡菜是我国传统的泡发蔬菜制品之一，具有鲜酸可口、质地脆嫩、风味独特等特点，深受人们喜爱。其加工制作方法如下：

1. 工艺流程

新鲜辣椒→洗净→沥干→切分→硬化处理→厌氧发酵→配料→分装（真空包装）→成品。

2. 操作要点

1）原料来源。以个体较大，肉质厚，组织紧密的青椒为原料。

原料要新鲜，宜采收当天使用，避免挤压和过高堆压。

2）清洗。洗净，沥干，挑选和剔除不合格品。将青椒用水冲洗并不断翻动，洗去表面可能残留的农药、化肥、泥土等。

3）切分。根据需要适当切分备用。

4）硬化处理。将原料处理好后放入含0.05%氯化钙或硫酸钾的8%盐水中浸泡，25℃条件下泡制16天。

5）厌氧发酵。将硬化处理好后的辣椒接种老盐水发酵，大约持续16天。

6）配料。主要配料为2%的白砂糖、0.5%柠檬酸、0.01%糖精钠、0.03%苯甲酸钠和0.02%脱氢乙酸钠，用沸水溶化并经150目滤布过滤后加入辣椒中。

7）真空包装。采用不透明的铝箔袋真空包装。

二 辣椒酱的加工

1. 工艺流程

原料→浸泡→清洗→粉碎→拌料→装罐→排气→封口→灭菌→冷却→保温→检查→成品。

2. 工艺要点

1）采用新鲜、成熟度好，无虫蛀、病斑、腐烂的鲜红辣椒，于5%的食盐水中浸泡20min驱虫，然后用清水洗涤3~5次，洗净泥沙杂质，剪去蒂把。

2）每100kg鲜辣椒加入1.5kg鲜老姜。老姜洗净，搓去姜皮，切成薄片，与鲜辣椒一起用粉碎机粉碎拌匀。

3）粉碎好的辣椒酱添加8%的食盐、0.5%的五香粉拌匀后装瓶，称量定量。

4）在排气箱或笼屉内加热排气，当罐头料温达到65℃时，趁热立即封口，封口宜采用抽气封口，真空度为53328.8Pa。

5）玻璃瓶罐头采用沸水灭菌10~18min，然后用水浴法冷却至38℃以下。

6）冷却后擦干水，送入25℃恒温箱内处理5个昼夜，检查无问题后可进行成品包装。

三 辣椒脆片的制作

1. 工艺流程

原料→去筋、籽→切片→浸渍→沥干→真空油炸→脱油→冷却→包装。

2. 操作要点

1）原料。选择八九成熟，无腐烂、虫害，个大，肉实新鲜的青椒和红椒为原料，用清水洗去泥沙及杂物备用。

2）去筋、籽。辣椒纵向切两半，挖去内部的筋、籽，再用清水冲洗，沥干。

3）切片。将去筋、籽的辣椒切成长4cm左右、宽2cm左右的片状，太长、太宽往往会变形，在加工过程中易破碎。

4）浸渍。将切分好的辣椒投入糖液中浸渍，糖液由15%的白糖、2.5%的食盐及少量的味精混合溶于水制作而成，糖液温度为60℃，浸渍时间为1~2h。

5）沥干。用洁净水把附在辣椒片表面的糖液冲去沥干。

6）真空油炸。将沥干的辣椒片放入真空油炸机中进行真空油炸，真空度不宜低于0.08MPa，温度控制在80~85℃，油炸时间与辣椒片的品种、质地、油温、真空度有关。具体做法为通过真空油炸机的观察孔看到辣椒片上的泡沫几乎全部消失为止。

7）脱油。有的真空油炸机具有油炸、脱油的双重功能，不具备脱油功能的需由离心机除去辣椒片中的多余油分。

8）冷却。将脱油后的辣椒片迅速冷却到40~50℃，尽快送入包装间进行包装。

9）包装。按片形大小、饱满程度及色泽分选和修整，经检验合格，在干燥的包装间按一定重量用真空充气包装，即为成品。

四 辣椒红色素的特性与提取工艺

辣椒红色素，别名辣椒色素，主要成分为辣椒红素和辣椒玉红素，是具有特殊气味的深红色黏性油状液体，无辣味，有辣椒的香味，溶于大多数非挥发性油，不溶于水和甘油，部分溶于乙醇，耐热和耐酸碱性较好，对可见光稳定，但在紫外线下易褪色。纯的辣椒红色素为深胭脂红色针状晶体，易溶于极性大的有机溶剂，与浓无机酸作用显蓝色。用作食品添加剂的辣椒红素为暗红色油膏状，有辣味，无不良气味。

辣椒红色素的提取工艺主要有有机溶剂浸提法和超临界二氧化碳萃取法，所得的提取产物大部分是辣椒红素和辣椒玉红素的混合物。有机溶剂浸提法工艺复杂、操作难度大、质量难控制、有异味，且生产周期长、效益低。超临界二氧化碳萃取法制得的色素为混合色素，色素与辣椒碱分离效果较差，但因其方法简便、成本相对较低、色价高、不可燃、无毒、化学安定性好、廉价易得等优点，使其成为国内外提取辣椒红色素的主要制备工艺。

五 辣椒碱的特性和提取工艺

辣椒碱是引起辣椒辛辣味的主要物质，是一种香草酰胺类生物碱。其同系物主要有辣椒素、二氢辣椒素、降二氢辣椒素、高辣椒素、高二氢辣椒素，其中辣椒素和二氢辣椒素约占总量的90%，也提供了辣椒中约90%的辣感和热感。纯净的辣椒碱为单斜棱柱体或矩形晶体，熔点65~66℃，易溶于乙醇、丙酮、氯仿、乙醚、苯等有机溶剂，也可溶于碱性水溶液，在高温下可产生刺激性气体。

辣椒碱的提取方法主要有乙醇法、丙酮法、酸碱法、超临界二氧化碳萃取法、微波法等。其中超临界二氧化碳萃取法和微波法以其独特的提取特点得到了广泛的应用。但目前上述方法均不同程度地存在提取率不高、产品纯度不够、提取过程复杂等缺陷，仍需加以研究改进。

第十二章 辣椒高效栽培实例

近年来，我国辣椒的播种面积不断扩大，全国已形成6个辣椒主产区，包括南方冬季辣椒北运主产区，京北及东北露地夏秋辣椒主产区，高海拔地区夏延辣椒主产区，湖南、贵州、四川和重庆嗜辣地区的小辣椒、高辣度辣椒主产区，北方辣椒保护地主产区，华中河南、安徽、河北南部、陕西等主产区。各辣椒主产区在辣椒的生产、销售和加工过程中产生了一批优秀典型，带动了当地辣椒产业的发展。本章着重介绍不同辣椒产区的辣椒生产者的典型经验，以供读者借鉴。

实例一

海南和广东、广西等地是我国著名的南菜北运基地。据统计，仅海南以及广东茂名、湛江等地的秋冬辣椒生产面积即在10万公顷以上，为缓解我国北方蔬菜淡季供应做出了贡献。现以海南为例，摘录介绍其秋冬辣椒的生产技术要点，以作为参考。

1. 播种育苗

（1）品种选择 选用抗病、优质、丰产、耐储运、商品性佳、适应市场需求的品种。常用品种有福湘2号、福湘秀丽、湘研13号、甜杂1号、海椒4号、博辣5号、红丰404、兴蔬绿燕、超级16号、中椒5号、奥运大椒等。

（2）适期播种 不同地区的播种期差别较大，一般于7月上旬~10月下旬播种，2~3月集中采收上市。采用穴盘培育壮苗，或苗床育苗，日历苗龄28~35天定植。

（3）苗床选择和整地、施肥 宜选择3年以上未种过茄科蔬菜，地势较高、排灌良好的地块作苗床。结合整地每亩施入充分腐熟的堆肥5000kg和复合肥30kg，连作地块撒石灰或五氯硝基苯药土消毒。畦宽1~1.5m，长度视情况而定。苗床周围开挖20~30cm深的排水沟。

（4）种子处理 每亩苗床用种50g，播前可分别用清水和10%磷酸钠溶液浸种消毒。催芽后播种或用干籽直播均可。

（5）播种 将种子均匀撒播于床面后，覆盖营养土0.5~1.0cm。再在床面覆盖稻草或遮阳网，然后浇足底水。

（6）苗床管理 播种后，应注意降温保湿。土壤湿度不够时应及时浇水，防止种子落干。经5~8天，幼苗出土后及时揭开稻草和遮阳网。

苗期高温要经常浇水保持床土湿润，浇水应在早晨或傍晚进行，避开中午高温时段；为防止土壤板结，应及时中耕除草。前期一般不追肥，后期如果发生脱肥，则可随水冲施三元复合肥5~10kg/亩或叶面喷施“高喜宝”叶面硅肥1500倍液1~2次。定植前5~7天要适当降温、控水进行炼苗。并喷淋霜霉威盐酸盐、甲基硫菌灵、阿维菌素乳油等杀菌剂和杀虫剂的混合药液以预防苗期病虫害。

2. 适时定植

（1）整地施肥 结合整地每亩施充分腐熟农家肥3000~5000kg，饼肥50~100kg，高钾复合肥50~100kg。按1.0~1.5m开沟做畦，高畦覆膜栽培，挖好排水沟。有条件的地区，可于田间整体覆盖30~40目防虫网，覆盖面积以3000m^{2}以上为宜。

（2）定植 8月中旬~11月均可定植，每畦栽2行，单株或双株定植，每亩定植3000~5000株。

3. 田间管理

（1）养分管理

1）轻施提苗肥。定植后7~10天，随水冲施尿素5kg/亩、三元复合肥5kg/亩。

2）重施挂果肥。进入初果期，重施挂果肥1次，可每亩穴施三元复合肥30~40kg。

3）巧施壮果肥。盛果期还应巧追 2~3 次壮果肥，可每亩随水冲施复合肥 10~15kg，硫酸钾 5~10kg，沼液肥 300~500kg。

4）根外追肥。根据田间长势情况，可叶面喷施光合微肥、水溶硅肥、云大 120 等叶面肥。

（2）水分管理 定植后 7~10 天浇一次“缓苗水”。缓苗后适当控水蹲苗，促根系下扎，植株矮壮。初花坐果期，适量浇水，以协调好营养生长与生殖生长的关系，提高前期坐果率。坐果后须及时提供充足水分，在连续晴天的情况下，至少每 7 天左右浇水一次，使土壤中相对湿度保持在 80% 左右，以满足果实发育的需要。浇水方法可采取沟灌，但必须速灌速排。

（3）中耕除草 视田间情况及时进行中耕除草。中耕方法为：第一、二次中耕宜深，促进根系生长；中后期中耕宜浅，以尽量减少根系损伤。地膜覆盖栽培时，前期不宜中耕，后期视温度高低和杂草生长情况可破膜中耕。植株封垄前中耕培土，防止倒伏。

（4）植株调整 初果期后，为减少养分消耗，待门椒以下腋芽长至 10cm 左右时应及时将其摘除，并打去老、病、残叶。

（5）病虫害防治 辣椒主要病害有病毒病、疫病、灰霉病、炭疽病、疮痂病、枯萎病、细菌性叶斑病、根腐病等；主要虫害有蚜虫、烟青虫、棉铃虫、茶黄螨等，应及时加以防治，具体方法参考第十章辣椒病虫害诊断及防治技术。

实例二

山东省寿光市是我国设施蔬菜的主产区，常年播种蔬菜 80 多万亩，其中保护地栽培辣椒、番茄、黄瓜等茄果类、瓜类蔬菜占生产总面积的 75%，辣椒生产经验丰富，效益良好。总结归纳寿光设施辣椒的生产模式和栽培经验，对我国北方保护地辣椒栽培具有重要的指导意义。

1. 性能优良的生产设施配套好的栽培技术是获得辣椒高产、高效的基础

1）建好、完善保温或增温设施，促辣椒丰产、早上市。寿光蔬菜种植主要采用土建温室，具有造价低、保温效果好、易于管理等

优点，但因其属于不加温温室，越冬茬和早春茬遇极寒天气时管理不当常造成阶段性减产，而一般寒冷季节恰是种菜效益最好之时。因此，要实现辣椒生产的高产、高效必须加强设施的管理和改造。辣椒早春茬栽培须争取早上市，越冬茬辣椒则应尽量提升温室采光、保温性能方可获得较好收益。要实现上述目标，就必须采取技术措施克服低温、弱光逆境，加强保温、增温和补光。常用的保温措施：辣椒定植时覆盖农膜，之后在畦上再搭建小拱棚，必要时在小拱棚上方与顶棚膜之间用细铁丝临时拉设第三层保温薄膜，再加上棚膜上覆盖草苫，整个棚室可实行5层覆盖，基本可以满足辣椒早春或越冬栽培的温度要求。增温措施：近年来，棚室蔬菜远红外电热膜加温技术正在推广之中，生产者可于辣椒定植沟中垂直铺设以及行间挂设远红外电热膜，生产遇冬季极寒天气可进行增温，效果较好。早春茬辣椒育苗亦可采用远红外电热膜技术，定植时间可提前5天以上。早春或严冬光照不足时可采用高压钠灯、LED灯或沼气灯补光。采取上述措施后，辣椒不仅可以提早上市、增加严寒季节的产量以及延长采收期，而且高产、优质，畸形果率降低，市场销售好。

2）综合配套的栽培技术体系是辣椒高效生产的保障。辣椒的精细管理技术体系包括品种选择、育苗、整地施肥、田间管理等环节，其关键管理技术措施如下：

① 品种选择。选择的品种须为当地示范、推广的主栽品种。目前保护地种植辣椒品种繁多，进行品种选择时应充分考察市场需求和品种发展趋势，不要盲目跟风或随大流，也不可特立独行，以免产品收获后没有客商收购，造成损失。总体而言，宜采用高产、抗病性好的牛角椒或粗羊角椒为宜，如中寿12号、37-7、喜洋洋等。

② 培育壮苗。早春茬和秋冬茬辣椒育苗分别处于最冷和最热季节，应分别采取合理措施促壮苗培育。早春茬苗期应采取增温、保温和补光技术，秋冬茬则应通过覆盖遮阳网等措施遮光、降温。此外，还应合理灌溉，避免低温下浇水过多或浇水不匀，忽干忽湿，诱发辣椒沤根或落叶等。加强通风管理，适时通风降湿，必要时补施二氧化碳气肥。

③ 精细整地，合理土、肥、水管理。辣椒产区多采用旋耕机整

地，耕深较浅，应选用深耕机械使耕深达到30cm左右，同时使用免深耕等药剂彻底打破土壤板结，修复土壤理化结构。在常规施肥的基础上，重施有机肥和生物菌肥，每亩可施用优质土杂肥7000～8000kg或稻壳鸡粪、鸭粪5000～6000kg，生物菌肥100kg。盛果期增施钾肥和微量元素。寒冷季节浇水宜小水勤浇，浇水宜选用滴灌或膜下暗灌方法。加强通风管理，使棚内湿度降至合理范围等。

④ 精心管理，克服辣椒连作障碍和预防“三落”。辣椒常年连作区最易发生的病害是死棵，轻者造成减产，重者绝产，对辣椒生产危害极大。可造成辣椒死棵的病害较多，苗期和成株期均可发生，苗期主要有猝倒病、立枯病、细菌性青枯病、疫病、茎基腐病等，成株期主要有疫病、根腐病、枯萎病等。因此，在生产上应采取多种措施，防止死棵。常用技术措施主要有：种子消毒；定植前进行棚室高温闷棚，结合整地采用石灰氮、噁霉灵、阿维菌素等药剂进行土壤消毒；采用嫁接育苗；定植时用噁霉灵等药剂蘸根；加强温、湿度管理，避免大水漫灌和田间积水；针对不同生育阶段易发病害，以预防为主。开花坐果期叶面喷施“高喜宝”叶面硅肥1000倍液2～3次，可提高植株抗病性，丰产性好，辣椒硬度加大，品质改善。棚室辣椒栽培在低温或高温环境下均易发生落叶、落花、落果，应采取措施尽量保持棚内气温在15℃以上，同时加强肥水管理，避免土壤忽干忽湿，促进根系发育，严重时采用调节剂蘸花保果，以从根本上解决辣椒“三落”问题。

⑤ 重视植株管理。采用三干或四干整枝，及时引枝、打杈，抹杈后喷施杀菌剂消毒。适当剪掉植株内部拥挤和下部重叠的枝条，剪后应及时喷药防蚜，并摘除底部病残叶等，增强植株透光性。

⑥ 合理轮作和茬口管理，提高产出效益。辣椒不耐重茬，常年棚室连作导致土传病害多发，大量施用农药则存在农药残留，因此必须实行合理轮作方可解决问题。寿光温室、棚室辣椒夏季高温季节生产效益下降时，部分农民在保护好棚体的前提下露地种植糯玉米、甜玉米等短茬作物，既可借雨水冲淋土壤盐分，促土壤修复，减少病虫害损失，又可保障必要的经济收益。因此，在一些设施产区种植一二十年的老温室、老大棚实行“菜—花”“菜—作”“菜—

果”等轮作模式值得提倡和推广。

2. 便捷实用的生产和流通模式促进了辣椒生产的健康发展

1）成立和发展专业合作社是辣椒产业化的重要一环。实践证明，我国长期以来一家一户的小农生产模式无论在市场培育还是科技支撑等方面都已不能适应现代农业的发展。寿光市有以辣椒生产销售为主营业务的专业合作社十几家，合作社以最低价格统一购进种苗、农资提供给农民，产品销售旺季及时联系国内外客商前来考察生产基地，建立长期购销关系，同时不定期邀请专家给合作社社员讲解辣椒生产知识，合作社的上述业务有利于单一种植户抱团应对市场变化，提高了其辣椒生产的组织化水平，产品质量能够满足客商需求，从而在很大程度上克服了小农生产的弊端，因此，合作社社员的辣椒生产收入普遍高于普通农户，生产成本也有不小的下降。

2）重视辣椒专业市场建设和市场流通体系培育。寿光市除了建有我国北方最大的农产品物流园外，每个村均建有菜品代购点或临时销售市场，辣椒种植者足不出村即可销售产品，在很大程度上避免了蔬菜卖难以及菜贱伤农、增产不增收等现象的发生，保障了辣椒生产的持续发展。

3）注重发挥基地的示范带动和规模优势。近年来，寿光市积极推动土地有序流转，鼓励建设中大型农业园区以及示范、种植基地，因此，辣椒新品种、新农资和新技术均可先行在基地试验示范，然后引进推广，从而保障了最新农资产品的安全高效，避免了坑农害农现象的发生。基地的规模生产优势也有助于测土配方施肥等实用技术以及标准化、规范化生产模式的推广应用，生产辣椒的产量和品质均可得到一定保障，对本地辣椒的生产起到了很好的促进作用。

实例三

我国的渭河沿岸是线椒的主产区之一。近年来甘肃省天水市农业科学研究所甘谷试验站采用全膜双垄沟播育苗移栽技术在海拔1700m以下的浅山半干旱地区试种线椒，取得了良好的栽培效果，较当地常规的全膜平垄覆盖直播栽培增产显著。现摘录介绍其栽培经验，以为半干旱地区线椒栽培提供借鉴。

1. 品种选择

选择抗病、丰产、制干率高、适应性广、品质好、商品性佳的线椒品种，如天椒0510、天线3号、航椒4号及甘谷线椒等。

2. 育苗

可采用穴盘基质、营养钵或营养土切块育苗。育苗一般于1月下旬~2月上旬在温室或多层覆盖的大棚中进行。首先做成宽1.2~1.5m、长3.0~4.0m的苗床。用营养土切块育苗时，首先需配制营养土，可用园土（葱蒜类园土最佳，忌种过茄科作物的园土）80%~85%、充分腐熟的有机肥15%，另加少量草木灰、钙镁磷肥等。播种前给苗床添满营养土，然后浇足底水，待水下渗后将已催芽的种子均匀撒播于苗床，播种后覆营养土1cm并覆盖地膜，加盖小拱棚保温。种子用量10~15g/m^2。亦可采用规格为10cm×10cm的营养钵或72孔穴盘进行基质育苗，具体方法可参考第五章辣椒育苗技术。

3. 苗期管理

出苗后及时揭去地膜。小拱棚内保持白天温度28~32℃，夜温16~18℃。3月下旬棚内气温稳定在15℃以上时揭开小拱棚，但遇降温或霜冻时晚上应及时覆盖防冻。苗期一般不再追肥，可叶面喷施0.1%尿素溶液、磷酸二氢钾溶液或水溶性硅肥等。4月上旬棚外气温大幅度回升时，育苗大棚或温室白天要放风，定植前10~15天加大通风炼苗。

4. 定植

(1) 整地施肥 前茬作物最好为玉米、豆类作物及小麦，不宜重茬。结合整地施优质农家肥8000~10000kg/亩和复合肥50~100kg/亩或尿素30~50kg/亩、过磷酸钙50kg/亩、硫酸钾10kg/亩。

(2) 起垄覆膜 多采用秋季起垄覆膜和顶凌起垄覆膜方式定植。用旋耕机将土地旋耕耙细，按总带宽1.1m的规格，用30cm+50cm+30cm划行器划线，然后用步犁或尖锄头沿宽行两边翻耕，再用耙子整成高8~10cm的3个垄，垄面均匀喷施72%异丙甲草胺乳油500~600倍液防除杂草。最后用厚0.005mm、幅宽120cm的地膜覆盖，隔2.5~3.0m横压土腰带，使地膜紧贴垄面和垄沟。在垄沟内每隔70cm左右打直径1cm左右的渗水孔，并用土封孔。

（3）适期定植 4月下旬~5月上中旬日平均气温稳定在17℃左右时定植，定植苗龄80~90天。选择无风晴天下午进行定植，先在垄沟内用小铲挖长、宽各7cm，深8~10cm的定植穴，穴距35cm，每穴定植2株，然后分2~3次浇定植水，浇水量每次为300~400mL/穴，待水完全下渗后用细湿土封严定植穴。

5. 定植后的管理

缓苗期注意及时补苗，缓苗后及时中耕除草，培土封口。

第一次分枝下叶腋间生出的腋芽应及早抹去，及时摘除门椒；生长中后期把重叠枝、拥挤枝、徒长枝剪除一部分，使枝条疏密得当；初花期喷施0.2%硼砂溶液2~3次。盛果期植株叶面蒸发大，有灌溉条件的地方要利用地下水、泉水以及集雨水窖及时浇水，浇水宜在早晚进行；要顺沟浅浇、勤浇，保持垄沟湿润，并在浇水前或降水前在定植沟内膜下两穴间打孔施入尿素15~20kg/亩和硫酸钾5~10kg/亩混合肥，施肥后用土封严地膜口。

6. 病虫害防治

线椒生产过程中主要的病虫害有猝倒病、立枯病、白粉病、炭疽病、疮痂病、疫病、病毒病以及烟青虫、螨虫、蚜虫等，应及时加以防治。但浅山半干旱山区土地资源丰富，易倒茬，病害发生相对较轻，应尽量减少农药用量，提升线椒品质。

7. 采收

8月上旬线椒商品果开始成熟，采收红制干辣椒，也可根据市场行情采收青椒上市。

上述不同地区辣椒种植生产实例，希望能对从事辣椒种植的朋友们有所启发。

附　　录

附录 A　蔬菜生产常用农药通用名及商品名称对照表

通用名		商品名	用途
杀虫剂类	阿维菌素	爱福丁、阿维虫清、虫螨光、齐螨素、虫螨克、灭虫灵、螨虫素、虫螨齐克、虫克星、灭虫清、害极灭、7051 杀虫素、阿弗菌素、阿维兰素、爱螨力克、阿巴丁、灭虫丁、赛福丁、杀虫丁、阿巴菌素、齐墩螨素、剂墩霉素	广谱杀虫剂，防治棉铃虫、斑潜蝇、蔬菜十字花科害虫、螨类
	氯氟氰菊酯	功夫、三氟氯氰菊酯、PP321 等	防治棉铃虫、棉蚜、小菜蛾
	甲氰菊酯	灭扫利、杀螨菊酯、灭虫螨、芬普宁等	虫螨兼治，用于棉花、蔬菜、果树的害虫
	联苯菊酯	天王星、虫螨灵、三氟氯甲菊酯、氟氯菊酯、毕芬宁	防治蔬菜粉虱
	丁硫克百威	好年冬、丁硫威、丁呋丹、克百丁威、好安威、丁基加保扶	用于防治棉蚜、红蜘蛛、蓟马
	吡虫啉	蚜虱净、一遍净、大功臣、咪蚜胺、艾美乐、一扫净、灭虫净、扑虱蚜、灭虫精、比丹、高巧、盖达胺、康福多	主要用于防治刺吸式口器害虫，如蚜虫、飞虱、粉虱、叶蝉、蓟马

（续）

通用名		商品名	用途
杀虫剂类	噻螨酮	尼索朗、除螨威、合赛多、已噻唑	对同翅目的飞虱、叶蝉、粉虱及介壳虫等害虫有良好的防治效果，对某些鞘翅目害虫和害螨也具有持久的杀幼虫活性
杀虫剂类	噻嗪酮	扑虱灵、优乐得、灭幼酮、亚乐得、布芬净、稻虱灵、稻虱净	为对鞘翅目、部分同翅目以及蜱螨目具有持效性杀幼虫活性的杀虫剂。可有效地防治马铃薯上的大叶蝉科；蔬菜上的粉虱科
杀虫剂类	哒螨灵	哒螨酮、扫螨净、速螨酮、哒螨净、螨必死、螨净、灭螨灵	可用于防治多种植物性害螨。对螨的整个生长期即卵、幼螨、若螨和成螨都有很好的效果
杀虫剂类	双甲脒	螨克、果螨杀、杀伐螨、三亚螨、胺三氮螨、双虫脒、双二甲脒	适用于各类作物的害螨。对同翅目害虫也有较好的防效
杀虫剂类	倍硫磷	芬杀松、番硫磷、百治屠、拜太斯、倍太克斯	防治菜青虫、菜蚜
杀虫剂类	稻丰散	爱乐散、益尔散等	防治蚜虫、菜青虫、蓟马、小菜蛾、斜纹夜蛾、叶蝉
杀虫剂类	二嗪磷	二蓁农、地亚农、大利松、大亚仙农等	用于控制大范围作物上的刺吸式口器害虫和食叶害虫
	乙酰甲胺磷	杀虫磷、杀虫灵、益土磷、高灭磷、酰胺磷、欧杀松	适用于蔬菜、茶叶、烟草、果树、棉花、水稻、小麦、油菜等作物，防止多种咀嚼式、刺吸式口器害虫和害螨

（续）

通用名		商品名	用途
杀虫剂类	杀螟硫磷	速灭虫、杀螟松、苏米松、扑灭松、速灭松、杀虫松、诺发松、苏米硫磷、杀螟磷、富拉硫磷、灭蛀磷等	广谱杀虫，对鳞翅目幼虫有特效，也可防治半翅目、鞘翅目等害虫
	虫螨腈	除尽、溴虫腈等	防治对象：小菜蛾、菜青虫、甜菜夜蛾、斜纹夜蛾、菜螟、菜蚜、斑潜蝇、蓟马等多种蔬菜害虫
	苏云金杆菌	苏力菌、灭蛾灵、先得力、先得利、先力、杀虫菌1号、敌宝、力宝、康多惠、快来顺、包杀敌、菌杀敌、都来施、苏得利	可用于防治直翅目、鞘翅目、双翅目、膜翅目，特别是鳞翅目的多种害虫
	除虫脲	灭幼脲1号、伏虫脲、二福隆、斯代克、斯盖特、敌灭灵等	主要用于防治鳞翅目害虫，如菜青虫、小菜蛾、甜菜夜蛾、斜纹夜蛾、金纹细蛾、黏虫、茶尺蠖、棉铃虫、美国白蛾、松毛虫、卷叶蛾、卷叶螟等
	灭幼脲	苏脲1号、灭幼脲3号、一氯苯隆等	防治桃树潜叶蛾、茶黑毒蛾、茶尺蠖、菜青虫、甘蓝夜蛾、小麦黏虫、玉米螟及毒蛾类、夜蛾类等鳞翅目害虫
	氟啶脲	抑太保、定虫隆、定虫脲、克福隆、IKI7899等	防治十字花科蔬菜的小菜蛾、甜菜夜蛾、菜青虫、银纹夜蛾、斜纹夜蛾、烟青虫等，茄果类及瓜果类蔬菜的棉铃虫、甜菜夜蛾、烟青虫、斜纹夜蛾等，豆类蔬菜的豆荚螟、豆野螟

（续）

通用名		商品名	用途
杀虫剂类	抑食肼	虫死净	对鳞翅目、鞘翅目、双翅目等害虫，具良好的防治效果
	多杀霉素	菜喜、催杀、多杀菌素、刺糖菌素	防治蔬菜小菜蛾、甜菜夜蛾、蓟马
	S-氰戊菊酯	来福灵、强福灵、强力农、双爱士、顺式氰戊菊酯、高效氰戊菊酯、高氰戊菊酯、霹杀高	防治菜青虫、小菜蛾，于幼虫3龄期前施药。豆野螟于豇豆、菜豆开花盛期、卵孵盛期施药
	氯氰菊酯	安绿宝、赛灭灵、赛灭丁、桑米灵、博杀特、绿氰全、灭百可、兴棉宝、阿锐可、韩乐宝、克虫威等	防治菜蚜、蓟马、棉铃虫、菜青虫
	顺式氯氰菊酯	高效灭百可、高效安绿宝、高效氯氰菊酯、甲体氯氰菊酯、百事达、快杀敌等	防治菜蚜、菜青虫、小菜蛾幼虫、豆卷叶螟幼虫
	氟氯氰菊酯	百树得、百树菊酯、百治菊酯、氟氯氰醚酯、杀飞克	防治棉铃虫、烟芽夜蛾、苜蓿叶象甲、菜粉蝶、尺蠖、苹果蠹蛾、菜青虫、美洲黏虫、马铃薯甲虫、蚜虫、玉米螟、地老虎等害虫
	氯菊酯	二氯苯醚菊酯、苄氯菊酯、除虫精、克死命、百灭宁、百灭灵等	可用于蔬菜、果树等作物防治菜青虫、蚜虫、棉铃虫、棉红铃虫、棉蚜、绿盲蝽、黄条跳甲、桃小食心虫、柑橘潜叶蛾、二十八星瓢虫、茶尺蠖、茶毛虫、茶细蛾等多种害虫

（续）

通用名		商品名	用途
杀虫剂类	溴氰菊酯	敌杀死、凯素灵、凯安保、第灭宁、敌卞菊酯、氰苯菊酯、克敌	防治各种蚜虫、棉铃虫、棉红铃虫、菜青虫、小菜蛾、斜纹夜蛾、甜菜夜蛾、黄守瓜、黄条跳甲
	戊菊酯	多虫畏、杀虫菊酯、中西除虫菊酯、中西菊酯、戊酸醚酯、戊醚菊酯、S-5439	防治蔬菜害螨、线虫
	敌百虫	三氯松、毒霸、必歼、虫决杀	可诱杀蝼蛄、地老虎幼虫、尺蠖、天蛾、卷叶蛾、粉虱、叶蜂、草地螟、潜叶蝇、毒蛾、刺蛾、灯蛾、黏虫、桑毛虫、凤蝶、天牛、蛴螬、夜蛾、白囊袋蛾
	抗蚜威	辟蚜雾、灭定威、比加普、麦丰得、蚜宁、望俘蚜	适用于防治蔬菜、烟草、粮食作物上的蚜虫
	灭多威	万灵、快灵、灭虫快、灭多虫、乙肟威、纳乃得	防治蚜虫、蛾、地老虎等害虫
	啶虫脒	吡虫清、乙虫脒、莫比朗、鼎克、NI-25、毕达、乐百农、绿园	防治棉蚜、菜蚜、桃小食心虫等
	异丙威	灭必虱、灭扑威、异灭威、速灭威、灭扑散、叶蝉散、MIPC	对稻飞虱、叶蝉科害虫具有特效，可兼治蓟马和蚂蟥
	丙溴磷	菜乐康、布飞松、多虫磷、溴氯磷、克捕灵、克捕赛、库龙、速灭抗	防治蔬菜、果树等作物上的害虫，对棉铃虫、苹果黄蚜等害虫均有很高的防治效果
	哒嗪硫磷	杀虫净、必芬松、哒净松、打杀磷、苯哒磷、哒净硫磷、苯哒嗪硫磷	可防治螟虫、纵卷叶螟、稻苞虫、飞虱、叶蝉、蓟马、稻瘿蚊等，对棉叶螨有特效

（续）

通用名		商品名	用途
杀虫剂类	毒死蜱	乐斯本、杀死虫、泰乐凯、陶斯松、蓝珠、氯蜱硫磷、氯吡硫磷、氯吡磷	适用于果树、蔬菜、茶树上多种咀嚼式和刺吸式口器害虫
	硫丹	硕丹、赛丹、韩丹、安杀丹、安杀番、安都杀芬	广谱杀虫杀螨，对果树、蔬菜、茶树、棉花、大豆、花生等多种作物害虫害螨有良好防效
杀菌剂类	百菌清	达科宁、打克尼太、大克灵、四氯异苯腈、克劳优、霉必清、桑瓦特、顺天星1号	防治果树、蔬菜上锈病、炭疽病、白粉病、霜霉病等
	多菌灵	苯并咪唑44号、棉萎灵、贝芬替、枯萎立克、菌立安	防治十字花科蔬菜菌核病、十字花科蔬菜白斑病，还有大白菜炭疽病、萝卜炭疽病，白菜类灰霉病、青花菜叶霉病、油菜褐腐病、白菜类霜霉病、芥菜类霜霉病、萝卜霜霉病、甘蓝类霜霉病等
	代森锰锌	新万生、大生、大生富、喷克、大丰、山德生、速克净、百乐、锌锰乃浦	防治蔬菜霜霉病、炭疽病、褐斑病、西红柿早疫病和马铃薯晚疫病
	霜脲·锰锌	克露、克抗灵、锌锰克绝	防治霜霉病、疫病，番茄晚疫病、绵疫病，茄子绵疫病，十字花科白锈病，可兼治蔬菜炭疽病、早疫病、斑枯病、黑斑病，番茄叶霉病等
	噁霜·锰锌	杀毒矾、噁霜锰锌	对蔬菜上的炭疽病、早疫病等多种病害有效；对黄瓜、葡萄、白菜等作物的霜霉病有特效

（续）

通用名		商品名	用途
杀菌剂类	甲霜灵	甲霜安、瑞毒霉、瑞毒霜、灭达乐、阿普隆、雷多米尔	用于防治蔬菜作物的霜霉病，瓜果蔬菜类的疫霉病
	霜霉威盐酸盐	普力克、霜霉威、丙酰胺	防治青花菜花球黑心病、白菜类霜霉病、甘蓝类霜霉病、芥菜类霜霉病、萝卜霜霉病、青花菜霜霉病、紫甘蓝霜霉病、青花菜霜霉病
	三乙磷酸铝	乙磷铝、三乙磷酸铝、疫霉灵、疫霜灵、霜疫灵、霜霉灵、克霜灵、霉菌灵、霜疫净、磷酸乙酯铝、藻菌磷、三乙基磷酸铝、霜霉净、疫霉净、克菌灵	防治蔬菜作物霜霉病、疫病，菠萝心腐病，柑橘根腐病、茎溃病，草莓茎腐病、红髓病
	琥·乙磷铝	百菌通、琥乙磷铝、羧酸磷铜、DTM、DTNZ	防治甘蓝黑腐病、甘蓝细菌性黑斑病、大白菜软腐病，白菜类霜霉病、（萝卜链格孢）黑斑病、假黑斑病
	三唑酮	粉锈宁、百理通、百菌酮、百里通	对锈病、白粉病和黑穗病有特效
	腐霉利	速克灵、扑灭宁、二甲菌核利、杀霉利	适用于果树、蔬菜、花卉等的菌核病、灰霉病、黑星病、褐腐病、大斑病的防治
	异菌脲	扑海因、桑迪恩、依普同、异菌咪	防治多种果树、蔬菜、瓜果类等作物早期落叶病、灰霉病、早疫病等病害
	乙烯菌核利	农利灵、烯菌酮、免克宁	对果树、蔬菜上的灰霉、褐斑、菌核病有良好防效

（续）

通用名		商品名	用途
杀菌剂类	氢氧化铜	丰护安、根灵、可杀得、克杀得、冠菌铜	防治蔬菜作物的细菌性条斑病、黑斑病、霜霉病、白粉病、黑腐病、早疫病、晚疫病、叶斑病、褐斑病，菜豆细菌性疫病，葱类紫斑病，辣椒细菌性斑点病等
	丁戊已二元酸铜	琥珀肥酸铜、琥胶肥酸铜、琥珀酸铜、二元酸铜、角斑灵、滴涕、DT、DT杀菌剂	防治蔬菜作物软腐病
	络氨铜	硫酸甲氨络合铜、胶氨铜、消病灵、瑞枯霉、增效抗枯霉	防治茄子、甜（辣）椒炭疽病、立枯病、西瓜、黄瓜、菜豆枯萎病、黄瓜霜霉病，西红柿早疫病、晚疫病，茄子黄叶病
	络氨铜·锌	抗枯宁、抗枯灵	用于防治蔬菜作物枯萎病
	抗霉菌素120	抗霉菌素、TF-120、农抗120	大白菜黑斑病、萝卜炭疽病、白菜白粉病
	多抗霉素	多氧霉素、多效霉素、保利霉素、科生霉素、宝丽安、兴农606、灭腐灵、多克菌	防治黄瓜霜霉病、白粉病、人参黑斑病、苹果梨灰斑病以及水稻纹枯病等
	春雷霉素	加收米、春日霉素、嘉赐霉素	防治黄瓜炭疽病、细菌性角斑病，西红柿叶霉病、灰霉病，甘蓝黑腐病，黄瓜枯萎病
	盐酸吗啉胍·铜	病毒A、病毒净、毒克星、毒克清	对蔬菜（番茄、青椒、黄瓜、甘蓝、大白菜等）的病毒病具有良好预防和治疗作用
	菌毒清	菌必清、菌必净、灭净灵、环中菌毒清	防治番茄、辣椒病毒病，西瓜枯萎病

（续）

通用名		商品名	用途
杀菌剂类	代森胺	阿巴姆、铵乃浦	防治白菜白粉病、白斑病、黑斑病、软腐病，甘蓝黑腐病，白菜类黑腐病、根肿病，青花菜黑腐病，紫甘蓝黑腐病
	敌磺钠	敌克松、地可松、地爽	防治蔬菜苗期立枯病、猝倒病、白菜、黄瓜霜霉病，西红柿、茄子炭疽病
	甲基立枯磷	利克菌、立枯磷	用于防治蔬菜立枯病，枯萎病，菌核病，根腐病，十字花科黑根病，褐腐病
	乙霉威	万霉灵、抑菌灵、保灭灵、抑菌威	防治黄瓜、番茄灰霉病，甜菜褐斑病
	硫菌·霉威	抗霉威、甲霉灵、抗霉灵	防治蔬菜作物霜霉病、猝倒病、疫病、晚疫病、黑胫病等病害
	多·霉威	多霉灵、多霜清、多霉威	防治番茄早疫病和菌核病、黄瓜菌核病、豇豆菌核病、苦瓜灰斑病、菠菜叶斑病、蔬菜作物灰霉病等
	噁醚唑	世高、敌萎丹	防治蔬菜作物黑星病、白粉病、叶斑病、锈病、炭疽病等
	溴菌腈	休菌清、炭特灵、细菌必克	防治炭疽病、黑星病、疮痂病、白粉病、锈病、立枯病、猝倒病、根茎腐病、溃疡病、青枯病、角斑病等
	氟哇唑	福星、农星、杜邦新星、克菌星	防治苹果黑星病、白粉病，谷类眼点病，小麦叶锈病和条锈病

（续）

通用名		商品名	用途
除草剂类	甲草胺	灭草胺、拉索、拉草、杂草锁、草不绿、澳特拉索	芽前除草剂，主要杀死出苗前土壤中萌发的杂草，对已出土杂草无效
	乙草胺	禾耐斯、消草胺、刈草安、乙基乙草安	芽前除草剂，防治一年生禾本科杂草和部分小粒种子的阔叶杂草
	仲丁灵	双丁乐灵、地乐胺、丁乐灵、止芽素、比达宁、硝基苯胺灵	防除稗草、牛筋草、马唐，狗尾草等一年生单子叶杂草及部分双子叶杂草
	氟乐灵	茄科灵、特氟力、氟利克、特福力、氟特力	属芽前除草剂，用于防除一年生禾本科杂草及部分双子叶杂草
	二甲戊灵	施田补、除草通、杀草通、除芽通、胺硝草、硝苯胺灵、二甲戊乐灵	防除一年生禾本科杂草、部分阔叶杂草和莎草
	扑草净	扑灭通、扑蔓尽、割草佳	防除一年生禾本科杂草及阔叶草
	嗪草酮	赛克、立克除、赛克津、赛克嗪、特丁嗪、甲草嗪、草除净、灭必净	对一年生阔叶杂草和部分禾本科杂草有良好防除效果，对多年生杂草无效
	草甘膦	农达、镇草宁、草克灵、奔达、春多多、甘氨磷、嘉磷塞、可灵达、农民乐、时拨克	无残留灭生性除草剂，对一年生及多年生杂草都有效
	禾草丹	杀草丹、灭草丹、草达灭、除草莠、杀丹、稻草完	适用于水稻、麦类、大豆、花生、玉米、蔬菜田及果园等防除稗草、牛毛草、异型莎草、千金子、马唐、蟋蟀草、狗尾草、碎米莎草、马齿草、看麦娘等

（续）

通用名		商品名	用途
除草剂类	喹禾灵	禾草克、盖草灵、快伏草	防除看麦娘、野燕麦、雀麦、狗牙根、野茅、马唐、稗草、蟋蟀草、匍匐冰草、早熟禾、法氏狗尾草、金狗尾草等多种一年生及多年生禾本科杂草，对阔叶草无效
	稀禾定	拿捕净、乙草丁、硫乙草灭	防除双子叶作物田中稗草、野燕麦、狗尾草、马唐、牛筋草、看麦娘、白茅、狗芽根、早熟禾等单子叶杂草
植物生长调节剂类	萘乙酸	A-萘乙酸、NAA	促进生根，防止落花落果
	2，4-滴	2，4-D、2，4-二氯苯氧乙酸	防止落花落果
	赤霉素	赤霉酸、奇宝、九二0、GA_3	提高无籽葡萄产量，打破马铃薯休眠，促进作物生长、发芽、开花结果；能刺激果实生长，提高结实率
	乙烯利	乙烯灵、乙烯磷、一试灵、益收生长素、玉米健壮素、2-氯乙基磷酸、CEPA、艾斯勒尔	促进果实成熟、雌花发育
	丁酰肼	比久、调节剂九九五、二甲基琥珀酰肼、B9、B-995	抑制新枝徒长、缩短节间，增加叶片厚度及叶绿素含量，防止落花，促进坐果，诱导不定根形成，刺激根系生长，提高抗寒力
	矮壮素	三西、西西西、CCC、稻麦立、氯化氯代胆碱	促使植株变矮，杆茎变粗，叶色变绿，可使作物耐旱耐涝，防止作物徒长倒伏，抗盐碱，又能防止棉花落铃，可使马铃薯块茎增大

（续）

通用名		商品名	用途
植物生长调节剂类	甲哌鎓	缩节胺、甲呱啶、助壮素、调节啶、健壮素、缩节灵、壮棉素、棉壮素	对蔬菜等作物具有抑制徒长、促叶片增厚、增强抗逆性、提高坐果率等作用
	多效唑	氯丁唑	抑制秧苗顶端生长优势，促进侧芽（分蘖）滋生。秧苗外观表现为矮壮多蘖，根系发达
杀线虫剂类	溴甲烷	溴代甲烷、一溴甲烷、甲基烷、溴灭泰	用于植物保护，作为杀虫剂、杀菌剂、土壤熏蒸剂和谷物熏蒸剂，但在黄瓜上禁用
	棉隆	迈隆、必速灭、二甲噻嗪、二甲硫嗪	土壤消毒剂，能有效地杀灭土壤中各种线虫、病原菌、地下害虫及萌发的杂草种子
杀软体动物剂类	四聚乙醛	密达、蜗牛散、蜗牛敌、多聚乙醛	防治福寿螺、蜗牛、蛞蝓等软体动物
	杀螺胺	百螺杀、贝螺杀、氯螺消	防治琥珀螺、椭圆萝卜螺、蛞蝓
	甲硫威	灭旱螺、灭梭威、灭虫威、灭赐克	防治软体动物

附录 B　常见计量单位名称与符号对照表

量的名称	单位名称	单位符号
长度	千米	km
	米	m
	厘米	cm
	毫米	mm

（续）

量的名称	单位名称	单位符号
面积	公顷	ha
	平方千米（平方公里）	km^2
	平方米	m^2
体积	立方米	m^3
	升	L
	毫升	mL
质量	吨	t
	千克（公斤）	kg
	克	g
	毫克	mg
物质的量	摩尔	mol
时间	小时	h
	分	min
	秒	s
温度	摄氏度	℃
平面角	度	(°)
能量，热量	兆焦	MJ
	千焦	kJ
	焦［耳］	J
功率	瓦［特］	W
	千瓦［特］	kW
电压	伏［特］	V
压力，压强	帕［斯卡］	Pa
电流	安［培］	A

参考文献

[1] 张福墁. 设施园艺学 [M]. 北京：中国农业大学出版社，2001.

[2] 张彦萍，贾兵国. 辣椒安全优质高效栽培技术 [M]. 北京：化学工业出版社，2012.

[3] 陈文超，马艳青，张竹青，等. 辣椒高效栽培模式与栽培技术 [M]. 长沙：湖南科学技术出版社，2012.

[4] 张玉聚，李洪连，张振臣，等. 中国蔬菜病虫害原色图解 [M]. 北京：中国农业出版社，2010.

[5] 郑建秋. 现代蔬菜病虫鉴别与防治手册 [M]. 北京：中国农业出版社，2003.

[6] 张振贤. 蔬菜栽培学 [M]. 北京：中国农业大学出版社，2003.

[7] 山东农业大学. 蔬菜栽培学总论 [M]. 北京：中国农业出版社，2000.

[8] 沈火林，张煜，杨辉. 辣（甜）椒栽培技术问答 [M]. 北京：中国农业大学出版社，2008.

[9] 王久兴. 图解蔬菜无土栽培 [M]. 北京：金盾出版社，2013.

[10] 王永平，张绍刚，张婧，等. 我国辣椒产业发展现状及趋势 [J]. 河北农业科学，2009，13（6）：135-138.

[11] 袁龙刚，张军林. 辣椒连作障碍的主要原因及其对策 [J]. 中国农村小康科技，2006（2）：32-33.

[12] 张海明. 线辣椒连作障碍形成原因及防治对策 [J]. 长江蔬菜，2013（3）：41-42.

[13] 方玉兵. 有机辣椒栽培技术 [J]. 安徽农学通报，2011，17（14）：171-172.

[14] 董汝晶，谯顺彬. 辣椒产业的研究现状及发展趋势 [J]. 中国调味品，2009，10（34）：32-36.

[15] 马艳青. 海南、两广地区秋冬辣椒防虫网无公害高效栽培技术 [J]. 辣椒杂志，2012（1）：23-24.

[16] 高芳华，肖日新，陈贻诵，等. 华南地区北运辣椒露地高效栽培技术 [J]. 辣椒杂志，2008（3）：26-28.

[17] 刘建英，张建玲，赵宏儒. 水肥一体化技术应用现状、存在问题与对策及发展前景 [J]. 内蒙古农业科技，2006（6）：32-33.

[18] 马兴华. 蔬菜简易水肥一体化滴灌栽培技术 [J]. 长江蔬菜，2014(9)：43-46.
[19] 贾光耀. 水肥一体化的好帮手——比例施肥泵 [J]. 农业工程技术，2011 (2)：44-45.
[20] 刘志杰，郭云峰，郑育锁，等. 保护地辣椒水肥一体化技术实施要点 [J]. 天津农林科技，2012，4 (2)：21-23.
[21] 李毳，王兵，杨红莉，等. 日光温室秋延晚辣椒水肥一体化技术应用 [J]. 新疆农业科技，2010 (6)：31.
[22] 卢子明，赵贞祥，张二喜，等. 甘谷县线椒全膜双垄沟播栽培技术 [J]. 甘肃农业科技，2012 (1)：51-53.

书　目

书　　名	定价	书　　名	定价
草莓高效栽培	25.00	番茄高效栽培	35.00
棚室草莓高效栽培	29.80	大蒜高效栽培	25.00
草莓病虫害诊治图册（全彩版）	25.00	葱高效栽培	25.00
葡萄病虫害诊治图册（全彩版）	25.00	生姜高效栽培	19.80
葡萄高效栽培	25.00	辣椒高效栽培	35.00
棚室葡萄高效栽培	25.00	棚室黄瓜高效栽培	29.80
苹果高效栽培	22.80	棚室番茄高效栽培	29.80
苹果科学施肥	29.80	图解蔬菜栽培关键技术	65.00
甜樱桃高效栽培	29.80	图说番茄病虫害诊断与防治	25.00
棚室大樱桃高效栽培	25.00	图说黄瓜病虫害诊断与防治	25.00
棚室桃高效栽培	22.80	棚室蔬菜高效栽培	25.00
桃高效栽培关键技术	29.80	图说辣椒病虫害诊断与防治	25.00
棚室甜瓜高效栽培	39.80	图说茄子病虫害诊断与防治	25.00
棚室西瓜高效栽培	35.00	图说玉米病虫害诊断与防治	29.80
果树安全优质生产技术	19.80	图说水稻病虫害诊断与防治	49.80
图说葡萄病虫害诊断与防治	25.00	食用菌高效栽培	39.80
图说樱桃病虫害诊断与防治	25.00	食用菌高效栽培关键技术	39.80
图说苹果病虫害诊断与防治	25.00	平菇类珍稀菌高效栽培	29.80
图说桃病虫害诊断与防治	25.00	耳类珍稀菌高效栽培	26.80
图说枣病虫害诊断与防治	25.00	苦瓜高效栽培（南方本）	19.90
枣高效栽培	23.80	百合高效栽培	25.00
葡萄优质高效栽培	25.00	图说黄秋葵高效栽培（全彩版）	25.00
猕猴桃高效栽培	29.80	马铃薯高效栽培	29.80
无公害苹果高效栽培与管理	29.80	山药高效栽培关键技术	25.00
李杏高效栽培	29.80	玉米科学施肥	29.80
砂糖橘高效栽培	29.80	肥料质量鉴别	29.80
图说桃高效栽培关键技术	25.00	果园无公害科学用药指南	39.80
图说果树整形修剪与栽培管理	59.80	天麻高效栽培	29.80
图解果树栽培与修剪关键技术	65.00	图说三七高效栽培	35.00
图解庭院花木修剪	29.80	图说生姜高效栽培（全彩版）	29.80
板栗高效栽培	25.00	图说西瓜甜瓜病虫害诊断与防治	25.00
核桃高效栽培	25.00	图说苹果高效栽培（全彩版）	29.80
核桃高效栽培关键技术	25.00	图说葡萄高效栽培（全彩版）	45.00
核桃病虫害诊治图册（全彩版）	25.00	图说食用菌高效栽培（全彩版）	39.80
图说猕猴桃高效栽培（全彩版）	39.80	图说木耳高效栽培（全彩版）	39.80
图说鲜食葡萄栽培与周年管理（全彩版）	39.80	图解葡萄整形修剪与栽培月历	35.00
		图解蓝莓整形修剪与栽培月历	35.00
花生高效栽培	25.00	图解柑橘类整形修剪与栽培月历	35.00
茶高效栽培	25.00	图解无花果优质栽培与加工利用	35.00
黄瓜高效栽培	29.80	图解蔬果伴生栽培优势与技巧	45.00